JN143977

花火の事典

東京大学教授
火薬学会会長
新井 充［監修］

東京堂出版

隅田川花火大会（写真提供：台東区）

隅田川花火大会は、日本を代表する花火大会のひとつ。1657年（明暦３）に起きた明暦の大火で亡くなった人たちの魂を供養するために始められた両国の花火を起源としている。諸事情により一時中止されていたが、場所を代えて1962年（昭和37）から、毎年７月末の土曜日に行われるようになった。

朝比奈の龍勢（写真提供：藤枝市）
甲斐を中心に勢力を誇った武田氏は、連絡手段として狼煙を使用していたといわれている。その武田氏と隣り合い、幾度となく刃を交えた今川氏も火薬を利用して連絡を取り合っていた。棒の先に取り付けられたロケットのようなものが花火で、中から飛び出す落下傘の色などでどんなことを伝えたいのかが分かるようになっていた。

手筒花火（写真提供：豊橋市）

愛知県や静岡県では、こうした手筒花火と呼ばれる噴出し花火が盛んで、夏場には毎週のようにどこかの祭礼などで行われている。

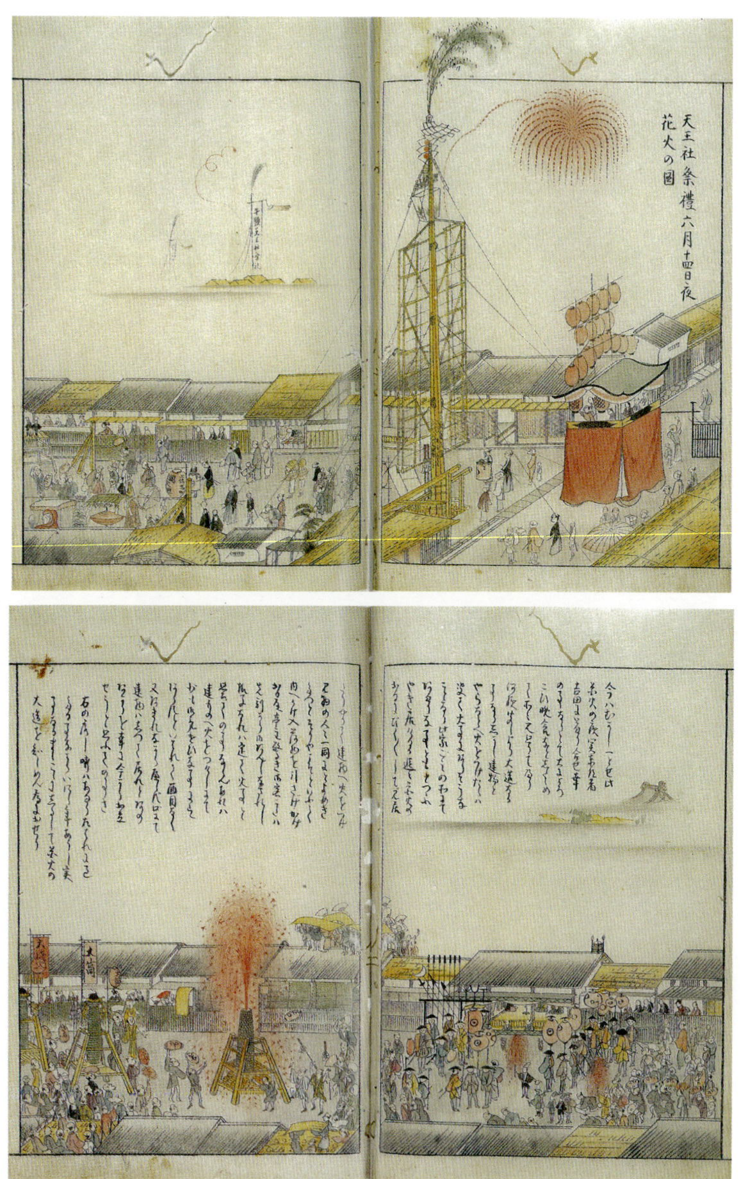

『三河国吉田名蹤綜録』に描かれた花火（原資料個人蔵。『豊橋市史史料叢書４』より転載）

19世紀初頭に出版された『三河国吉田名蹤綜録』には、かつて吉田と呼ばれていた豊橋の祭礼で打ち上げられていた花火の様子が描かれている。

花火の事典

はじめに

夏の夜空に大輪の花を咲かせる割り物、庭先で、牡丹、松葉、柳、散り菊、と可憐な変化を見せる線香花火、選挙の投票日や運動会の朝、号砲にみたてた5段雷など、花火は日本人の心に深く根づいている。隣国における春慶節の爆竹、合衆国における独立記念日の花火、そしてイギリスにおけるGuy Forks Dayの花火等とは、大きく異なる点であろう。よく、日本の花火は世界一といわれる。これは、もっぱら打ち上げ花火についていわれてきたことであると思われ、わが国における花火に関する書籍の数多くは、日本の打ち上げ花火のすばらしさを紹介するものであった。

本書は、花火の面白さ、興味深さについて、科学的な観点と歴史・文化的な観点の両面から解析し、その結果を系統的に記述したものであり、これまでの花火の解説書等にはない画期的な著作物であるといえる。本書が、花火師たちの魔術の秘密をうかがい知るのに少しでも役立てば幸いである。

なお、花火の「うちあげ」という用語については、日本煙火協会では、以下のような使い分けを提唱し、実践している。しかしながら、一般にはこの使い分けは必ずしも浸透・定着していないことから、本書においては読みやすさを優先して「打ち上げ」に統一した。

新井　充

[「打揚」と「打上」等の使い分けについて]

日本煙火協会では、打揚、打ち揚げ、打上、打ち上げを使い分けている。

まず、「揚」は通常の煙火に、「上」は玩具煙火（おもちゃ花火）に使用する。

これは、本来はすべてに「揚」を使うべきところ、おもちゃ花火で遊ぶ子供たちには、「揚」の字が難しいと判断したことによる。

また、「打揚」と「打ち揚げ」については、名詞として使う場合には「打揚」を、動詞的に使う場合には「打ち揚げ」を使用する。例を挙げれば、打揚花火、打揚筒、打揚場、打ち揚げる、打ち揚げられる等である。こちらの考え方は、「打上」、「打ち上げ」についても同様である。

（注）Guy Forks Day とは

イギリス国王ジェームズ１世らを爆薬を使って暗殺しようとして失敗。その首謀者とされる Guy Forks が逮捕された 11 月５日、Guy Forks の人形を子供たちが焼き、花火を打ち上げる。

花火の事典 ● 目次

＊協力
井上玩具煙火株式会社
公益社団法人　全国火薬類保安協会
野村花火工業株式会社

第1章

技術編

野外で乾燥中の打ち上げ花火

1-1　花火の定義

花火を含む火薬類は、たとえば「着火にともない爆発的に燃焼するもの」のように、感覚的に理解されてはいるものの、科学的に定義するのはきわめて難しい。というのは、一般には、爆発するものこそが火薬類であると思われがちではあるが、爆発するものすなわち爆発性物質が数多く存在する中で、実際の火薬類はほんの一握りに過ぎず、それらは実用的な観点から爆発の起こしやす

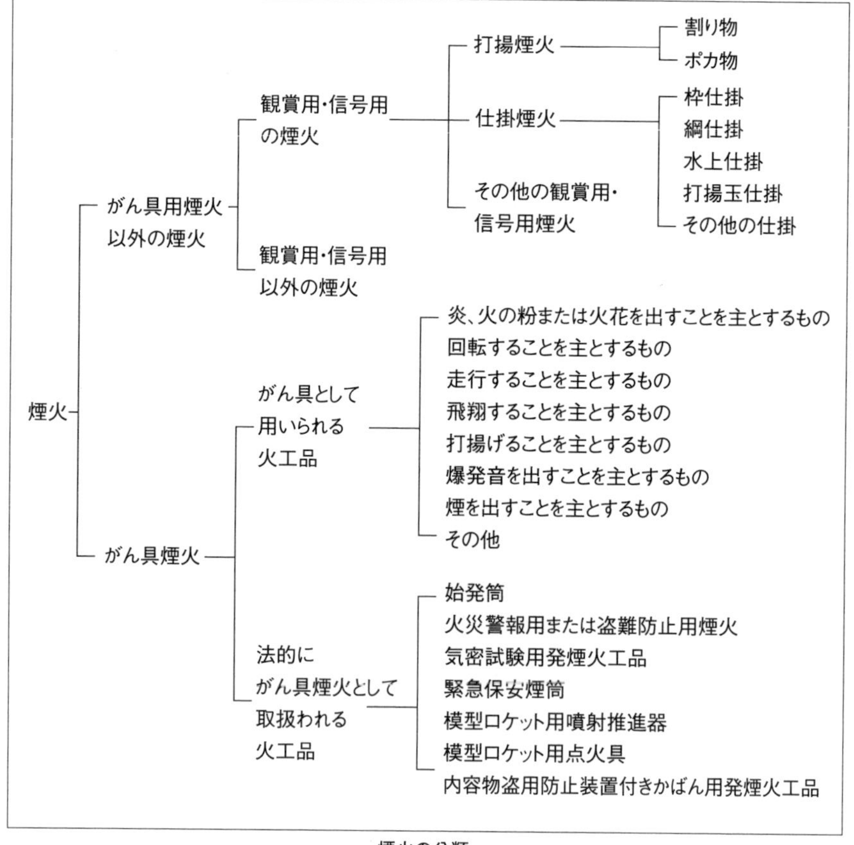

煙火の分類

さ（起こし難さ）と爆発の威力を考慮して経験的に定められたものだからである。したがって、花火はおろか、火薬類でさえも科学的に定義することはできないのが現実である。

現在、わが国では火薬類は「火薬類取締法」の第二条（次ページ「参考資料(1)」）の中で火薬と爆薬と火工品から構成されると定義されている。そして、火薬、爆薬については、ともにそれらを構成する化学物質名を列挙した定義となっている。しかしながら、「その他」のところで、火薬については推進的爆発の用途に供せられる火薬、爆薬については破壊の用途に供せられる爆薬、というそれぞれの性質（性能）に関する記述があり、火薬および爆薬の特性についてはこれが定義であるといえる。ちなみに「破壊の用途に供せられる」という特性は、「爆轟を起こす」と言い換えることもでき、爆轟（ばくごう）については、「伝播速度が音速を超える化学反応」と科学的に定義することは可能である。一方、「推進の用途に供せられる」という特性は、必要条件のひとつとして「爆轟を起こさない」があるものの、十分条件を満たす性質を科学的に定義することはできない。

一方、花火は火薬類の中の火工品に該当すると考えられるが、実際には法律用語としては「花火」は存在せず、用語としては「煙火」が用いられる。火薬類としての煙火の分類を左の図に示す。この中で一般の人が花火と考えているのは、打揚煙火、仕掛煙火、およびがん具として用いられる火工品（おもちゃ花火）の３分類である。しいてこの３分類だけを花火として抜き出すとすれば、「観賞用の煙火」といった曖昧な記述となるが、「火薬類取締法」の規制を受けない「がん具煙火」は、「火薬類取締法施行」規則第１条の５（次ページ「参考資料(2)」）に定められており、がん具として用いられる火工品は、この中の「一　がん具として用いられる煙火」に該当する。　（新井）

参考資料(1)　火薬類取締法第二条

第二条　この法律において「火薬類」とは、左に掲げる火薬、爆薬及び火工品をいう。

一　火薬

イ　黒色火薬その他硝酸塩を主とする火薬

ロ　無煙火薬その他硝酸エステルを主とする火薬

ハ　その他イまたはロに揚げる火薬と同等に推進的爆発の用途に供せられる火薬であって経済産業省令で定めるもの。

二　爆薬

イ　雷汞（らいこう）、アジ化鉛その他の起爆薬

ロ　硝安爆薬、塩素酸カリ爆薬、カーリットその他硝酸塩、塩素酸塩または過塩素酸塩を主とする爆薬

ハ　ニトログリセリン、ニトログリコールおよび爆発の用途に供せられるその他の硝酸エステル

ニ　ダイナマイトその他の硝酸エステルを主とする爆薬

ホ　爆発の用途に供せられるトリニトロベンゼン、トリニトロトルエン、ピクリン酸、トリニトロクロルベンゼン、テトリル、トリニトロアニソール、ヘキサニトロジフェニルアミン、トリメチレントリニトロアミン、ニトロ基を3以上含むその他のニトロ化合物およびこれらを主とする爆薬

ヘ　液体酸素爆薬その他の液体爆薬

ト　その他イからヘまでに掲げる爆薬と同等に破壊的爆発の用途に供せられる爆薬であって経済産業省令で定めるもの。

三　火工品

イ　工業雷管、電気雷管、銃用雷管および信号雷管

ロ　実包および空砲

ハ　信管および火管

ニ　導爆線、導火線および電気導火線

ホ　信号焔管および信号火せん

ヘ　煙火その他前二号に掲げる火薬または爆薬を使用した火工品（経済産業省令で定めるものを除く）

2　この法律において「がん具煙火」とは、がん具として用いられる煙火その他のこれに類する煙火であって、経済産業省令で定めるものをいう。

参考資料（2）　火薬類取締法施行規則第一条の五

第一条の五法第二条第二項に規定するがん具煙火は、次の各号に掲げるものとする。

一　がん具として用いられる煙火

イ　炎、火の粉又は火花を出すことを主とするもの

(1)　吹出し、スモールトーチ、噴火山その他の筒物、すすきその他柄付きの筒物又は球物であって、火薬15グラム以下のもの

(2)　朝顔その他の炎を出す柄付きのより物であって、火薬10グラム以下のもの

(3)　銀波その他のひも付きのより物であって、火薬10グラム以下のもの

(4)　スパークラーその他の光輝のある火の粉を出す柄付きのねり物であって、火薬が露出しているもののうち、火薬10グラム（鉄粉を30パーセント以上含んでいるものにあっては、火薬15グラム）以下のもの

(5)　サーチライト、コメットその他の柄付きのねり物であって、紙に包まれたもののうち、火薬10グラム以下のもの

(6)　線香花火その他の火花を出す柄付きのより物又は火薬が露出しているねり物であって、火薬0.5グラム以下のもの

ロ　回転することを主とするもの

(1)　ピンホイールその他の円盤の周囲に火薬を紙で包んだ管を巻き付けたものであって、火薬4グラム（爆発音を出すものにあっては、火薬3.9グラム）以下、爆薬（爆発音を出すためのものに限る）0.1グラム以下のもの

(2)　サキソンその他の筒又は板の端に筒物を装着したものであって、火薬4グラム（爆発音を出すものにあっては、火薬3.9グラム）以下、爆薬（爆発音を出すためのものに限る）0.1グラム以下のもの

(3)　ヨーヨーその他の円盤又は板に輪形のより物をはり付けたものであって、火薬1グラム（爆発音を出すものにあっては、火薬0.9グラム）以下、爆薬（爆発音を出すためのものに限る）0.1グラム以下のもの

ハ　走行することを主とするもの

(1)　金魚その他の水上を走行する筒物であって、火薬2グラム以下のもの

(2)　小笛その他の笛音を出す筒物であって、火薬0.5グラム以下、爆薬（笛音を出すためのものに限る）1.5グラム以下のもの

(3)　ケーブルカーその他の糸を通す筒等を装着した筒物であって、火薬1.5グラム以下のもの

(4)　花車その他の紡錘形又は輪形のより物であって、火薬1グラム（爆発音を出すものにあっては、火薬0.9グラム）以下、爆薬（爆発音を出すためのものに限る）0.1グラム以下のもの

(5)　爆龍その他の火薬を紙で包んで折りたたんだものであって、火薬1グラム以下のもの

ニ　飛しょうすることを主とするもの

(1)　笛ロケットその他の笛音を出す尾つきの筒物であって、火薬0.5グラム以下、爆薬（笛音を出すためのものに限る）2グラム以下のもの

(2)　流星その他の尾付きの筒物であって、火薬2グラム（爆発音を出すものにあっては、火薬1.9グラム）以下、爆薬（爆発音を出すためのものに限る）0.3グラム（硫化ひ素を含むものにあっては、爆薬0.1グラム）以下のもの

(3)　人工衛星その他の板に筒物を装着し、回転上昇するものであって、火薬1.5グラム以下のもの

ホ　打ち揚げることを主とするもの

(1)　乱玉その他の星を打ち揚げる筒物であって、単発式のもののうち、火薬10グラム以下のもの又は筒の内径が1センチメートル以下の連発式のもののうち、火薬15グラム以下のもの

(2)　パラシュートその他の内筒に入れた放出物を打ち揚げる筒物であって、火薬10グラム以下のもの

ヘ　爆発音を出すことを主とするもの

(1)　スモーククラッカーであって、火薬1グラム以下、爆薬（爆発音を出すためのものに限る）0.1グラム以下のもの（マッチの側薬又は頭薬との摩擦によって発火するものを除く）及びファイヤークラッカーその他の点火によって爆発音を出す筒物（スモーククラッカーを除く）であって、その筒の外径が4ミリメートル以下のもののうち、火薬1グラム以下、爆薬（爆発音を出すためのものに限る）0.05グラム以下のもの（マッチの側薬又は頭薬との摩擦によって発火するものを除く）

(2)　クラッカーボールであって、直径1センチメートル以下、重量1グラム以下のもののうち、爆薬（爆発音を出すためのものに限る）0.08グラム以下のもの

(3)　クリスマスクラッカーその他の摩擦によって爆発音を出す小形の筒物を内部に装着し、その爆発により軽量の紙テープ等を放出するものであって、爆薬（爆発音を出すためのものに限る）0.05グラム以下のもの

(4)　平玉であって、その1粒が直径4.5ミリメートル以下、高さ1ミリメート

ル以下のもののうち、爆薬（爆発音を出すためのものに限る）0.01 グラム以下のもの及び巻玉であって、その1粒が直径 3.5 ミリメートル以下、高さ 0.7 ミリメートル以下のもののうち、爆薬（爆発音を出すためのものに限る）0.004 グラム以下のもの

(5)　爆竹（点火によって爆発音を出す筒物であって筒の外径が4ミリメートル以下のものを連結したもののうち、その本数が 20 本以下のものに限る）であって、その1本が火薬1グラム以下、爆薬（爆発音を出すためのものに限る）0.05 グラム以下のもの

ト　煙を出すことを主とするもの

煙幕その他の筒物又は球物であって、火薬 15 グラム以下のもの

チ　その他

へび玉であって、火薬5グラム以下のもの

二　削除

三　始発筒であって、火薬 15 グラム以下のもの

四　火災警報用又は盗難防止用として用いられる煙火であって、爆薬（爆発音を出すためのものに限る）0.18 グラム以下のもの

五　気密試験用として用いられる発煙火工品であって、火薬 15 グラム以下のもの

六　経済産業大臣が告示で定める緊急保安炎筒であって、火薬 150 グラム以下のもの

七　経済産業大臣が告示で定める模型ロケットに用いられる噴射推進器（経済産業大臣が告示で定めるものに限る）であって、火薬 20 グラム以下のもの

八　前号に定める模型ロケットに用いられる点火具であって、火薬 0.1 グラム以下のもののうち、経済産業大臣が告示で定めるもの

九　経済産業大臣が告示で定める内容物盗用防止装置付きかばんに用いられる発煙火工品（経済産業大臣が告示で定めるものに限る）であって、爆薬 125 グラム以下のもの

1-2　花火の原理(1)　なぜ燃えるのか？

花火をはじめとする火薬は中に酸素が含まれるため、水の中でも宇宙空間でも燃える。一方、ローソクは空気中の酸素を必要とするため、燃えているローソクにガラスコップをかぶせると酸素がなくなり、やがて消える。

酸素を含み、可燃物を燃やすことができる物質を酸化剤という。現在、用いられている酸化剤は主に硝酸カリウム、過塩素酸カリウム、および過塩素酸アンモニウムの3種類である。

可燃物の集合体である粉

硝酸カリウム、
過塩素酸カリウムなど
燃やすもの

酸化剤の集合体である粉

アルミニウム、
セルロース、
木粉など
燃えるもの

花火では可燃物と酸化剤とが粉の状態で混ざっている

硝酸カリウムは最も古くから用いられてきた酸化剤である。融点（334℃）が低いため、着火性がよい。しかし、燃焼温度が低いため、明るい炎色が出ない。

歴史的には、塩素酸カリウムが硝酸カリウムの次に酸化剤として使われた。わが国に登場したのは、明治の初期である。塩素酸カリウムは燃焼温度が高く、明るい炎色を出すことができるため、盛んに用いられた。しかし、その組成物は爆発感度が高く、偶発的な発火を起こしやすい。このため、数多くの爆発事故を起こした。そして、1992年（平成4）に起きた茨城県の煙火工場の爆発事故を契機に、経済産業省では輸入製品も含めて使用しないよう指導している。

過塩素酸カリウムは、現在、もっともよく用いられている酸化剤である。融点（610℃）が高いため、その分、安全に取り扱うことができる。燃焼温度が高く、明るい炎色を出すことができる。

過塩素酸アンモニウムも花火の酸化剤として使うことができるが、爆発威力は過塩素酸カリウムよりも大きい。しかし、燃焼時にガス化するために煙を減らすことができる。

燃焼には酸化剤とともに、燃えるもの、すなわち、可燃剤が必要である。もっとも古くから使用されている可燃剤は硫黄と木炭である。とくに、木炭は種類により、燃え方が異なるため、花火職人がこだわる原料である。現在、麻、松、および、桐から作られる木炭がよく用いられる。

花火の世界では、「助燃剤」と呼ぶ可燃剤を使うことがある。意味合いとしては燃える物というよりも、燃えやすくする物ということだろう。木粉（セロシン）、フェノール樹脂、塩ビ粉末などが該当する。

面白いのは天然由来の助燃剤だ。シェラック（セラックと呼ばれることもある）はラックカイガラムシという1 cmに満たない虫が分泌する樹脂状の有機物だ。ラックカイガラムシは東南アジアや中国で養殖しており、塗料、食品、医薬品などにも使われている。キシリトールガムの表面もシェラックでコーティングされている。

レッドガムはオーストラリア南部によく見られる「ススキノキ」といわれるグラスツリーから採れる樹脂だ。海外製の花火にはよく使われる。シェラックもレッドガムも「よく探したものだ」というべき天然物だ。

シェラックを分泌するラックカイガラムシ
（鈴木和紀氏のHPより）

レッドガムが取れるススキノキ
（Plants Rescue HPより）

花火が燃える時の温度は、熱電対という温度計を使うと測ることができる。白金・ロジウム合金およびタングステン・レニウム合金を使った熱電対がよく使われる。硝酸カリウムを含む花火は1000℃を超える程度の炎であるが、過塩素酸カリウムを含む花火は2000℃を超える。しかし、3000℃を超えることはない。花火が燃える時の温度はその程度である。（松永）

1-3　花火の原理(2)　なぜ火花が散るのか？

金属微粉末は高温で燃える可燃剤であるが、どちらかというとキラキラ光る火花の効果を出すための効果剤といえる。これは白熱電球と同じ原理で、熱くなった物体は光るという白熱現象である。白熱は熱放射、熱輻射とも呼ばれている。白熱は理論的に解釈されており、「プランクの法則」「ヴィーンの変位則」という用語を調べると分かる。これによると、熱せられた物体は光を発する。1000℃程度では赤、2000℃程度で黄色、それ以上では白に近い色となる。花火では達せられないが、１万℃ともなると青色になる。このため、熱放射を調べることによって、星の表面温度を調べることができる。たとえば、太陽が6000℃、おおいぬ座のシリウスが１万℃といわれている。

花火でなくても火花を作ることができる。グラインダーという研磨機で金属棒を削ると火花が発生する。これは削る時に金属が熱くなり、削りカスが光を発しながら飛んで行く。スチール（鋼）はあまり熱くならないので赤い色の光を発する。一方、チタン製メガネフレームは明るい白色が出る。この違いは金属表面が燃える時の温度による。

スチール棒（左）とチタン製メガネフレーム（右）をグラインダーで削っている写真

火花の出方は炭素などの不純物により変わる。このため、火花の出方で、スチールの種類を推定するJIS(日本工業規格)が決められているほどだ(JISG0566:鋼の火花試験方法)。これによると、炭素含有量が多いスチールは先割れするきれいな火花が出る。人が手に持つ手筒花火でも黒色火薬ベースに混ぜる鉄粉として炭素含有量の多いスチールの粉砕品が使われている。

花火では、きれいな火花が出るような素材が探索され使われている。

アルミニウム粉末は代表的な効果剤である。爆発的に燃やす場合や明るい火花を出す時によく用いられている。さまざまな粒径、形状のものが使われる。写真はフレーク状アルミといわれるもので打ち砕いて作られる。比表面積が大きく、燃えやすい。1円玉は燃えないが、微粉末はとても燃えやすく危ないということを覚えておこう。実際にアルミニウム粉末を扱う工場で、舞い上がったアルミニウム粉末が空気中の酸素で爆発的に燃えるという事故が多発している。また、アルミニウム粉末が水に濡れると自然発火が起こることもある。

チタンは明るい光を発する。メガネフレームに使われるようなチタンは高価であるが、花火では純度が低く、安価なチタン粉末が用いられている。写真は花火に使われるスポンジ状チタンというもので、やはり比表面積を大きくすることで燃えやすくしている。この他、鉄粉、マグネシウム粉、マグナリウム(アルミニウムとマグネシウムの合金)粉も用いられる。

キラキラ光る金属粉末は空中を飛散する時には急速に冷えるので光らなくなる。金属粉末は表面が燃えるだけで、全量が燃えるわけではない。　(松永)

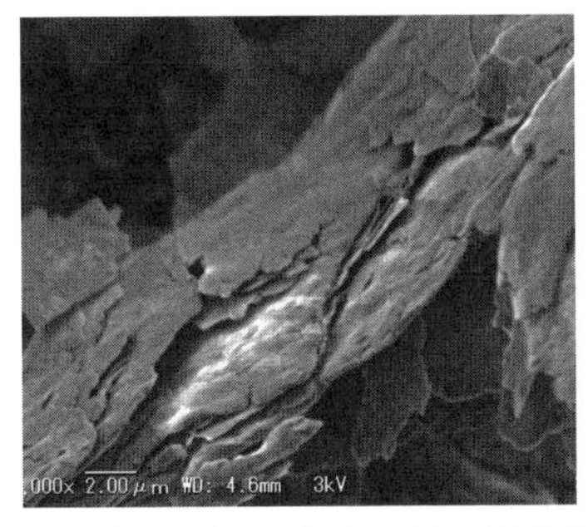

フレーク状アルミニウム(5000倍　SEM画像)

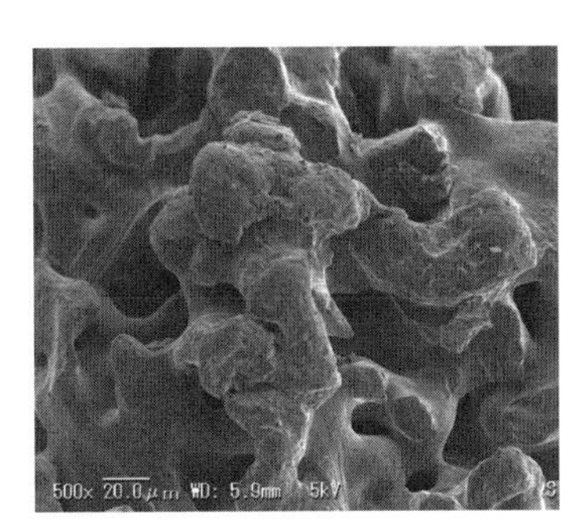

スポンジ状チタン(500倍　SEM画像)

1-4　花火の原理(3)　なぜ色がつくのか？

花火が赤や緑に光るのは、炎色反応と同じ原理である。赤色を出すにはストロンチウム化合物が必要である。また、バリウム化合物を入れると緑色に光る。炎色反応はなぜ、起こるか？　難しい話であるが説明しよう。

まず、光とは何か？「光は粒子でもあり波でもある。粒子と波の両方の性質を併せ持つ、量子というものである」といわれている。波という以上、波長という特徴的な数字をもっている。人間が見ることができる光を可視光という。可視光の波長はだいたい400nmから800nmだ。nmは長さの単位でナノメートルといい、1mの10億分の1という短さだ。虹の七色は赤橙黄緑青藍紫（せきとうおうりょくせいらんし）といわれる。これは波長の長い光から短い光までの順番である。虹は太陽光が水滴により分光された結果であり、波長により屈折率が変わるため赤から紫まで並んで見える。赤色の光より波長が長い光を赤外光といい、紫よりも短い光を紫外光という。光とは赤外光、紫外光および可視光からなる。

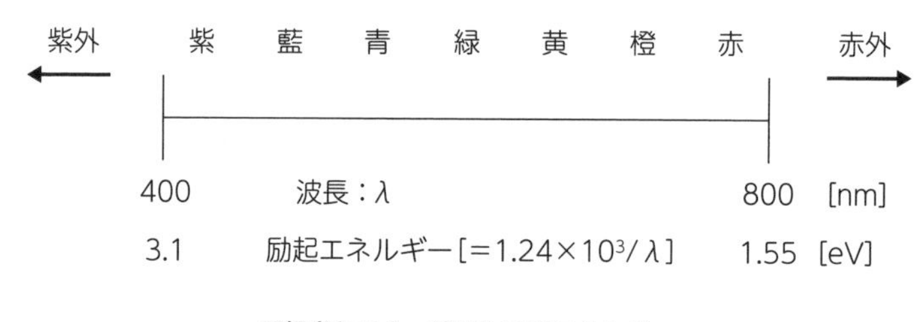

可視光とは？　波長と励起エネルギー

では、炎色はなぜ、起こるのだろう。ナトリウムは黄色、ストロンチウムは紅色に光る。これはそういう波長の光を発しているためであり、この現象を化学発光という。以下に花火の化学発光の原理を示す。燃えている花火の炎の中では高温のため、原子あるいは分子の中の電子が励起される。すなわち、普段、電子が回っている通り道（基底状態）から、上の通り道（電子励起状態）に軌道を変える。励起された電子はいつまでも励起状態にいるわけではなく、すぐに基底状態に戻る。その時に軌道間のエネルギー差$(E_1 - E_0)$に該当する光を出す。前ページに示すようにエネルギー差（励起エネルギー）が1.55eV（エレクトロンボルト、エネルギーの単位）より小さければ赤外光となり、目に見えない光となる。逆に3.1eVより大きい場合、紫外光となる。その間の1.55~3.1eVに励起された電子は可視光を発する。

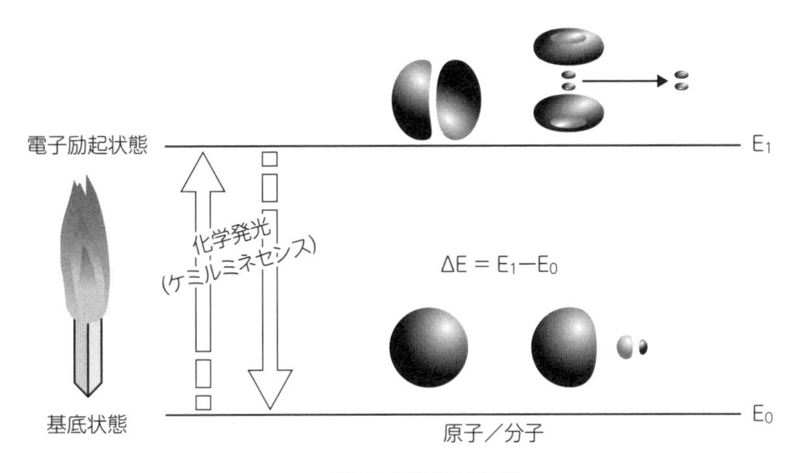

花火の化学発光の原理

花火からどのような光が出ているか？　分光器という装置を使うと容易に調べることができる。波長を横軸にして、どんな色の光が出ているかを示したグラフをスペクトルという。

炎色には原子あるいは分子が関わっている。その違いはなんだろう。ナトリウムは原子が光る。その理由は最外殻に電子がひとつしかなく、励起されやすいためである。これはイオン化されやすい、つまりイオン化ポテンシャルが低いことに対応している。ナトリウム、リチウム、カリウムといった周期律表で一番左にあるアルカリ金属はイオン化ポテンシャルが低い。このため、励起されやすく、リチウムは671nmの赤紫色、ナトリウムは589nmの黄色、カリウムは766nmと赤外光に近い淡紫色を発する。

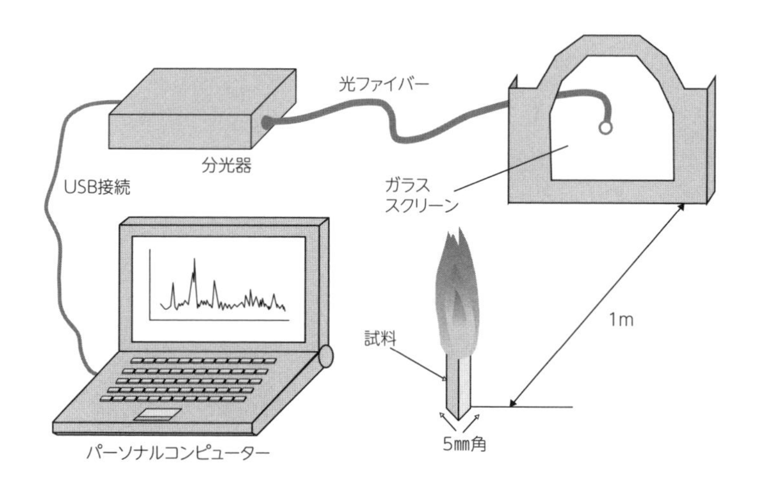

発光スペクトル計測システム

一方で、バリウム（緑)、銅（青)、ストロンチウム（紅）は分子が光っている。これらの原子の原子価は２であり、イオン化ポテンシャルは低くない。しかし、２価の原子と塩素が化合した分子は、形式的にアルカリ金属と同じ電子配置になる。このため、イオン化しやすく、励起されやすい。ストロンチウムやバリウムと同じアルカリ土類金属（２族）であるカルシウムも同様に塩化物が炎色を起こす。

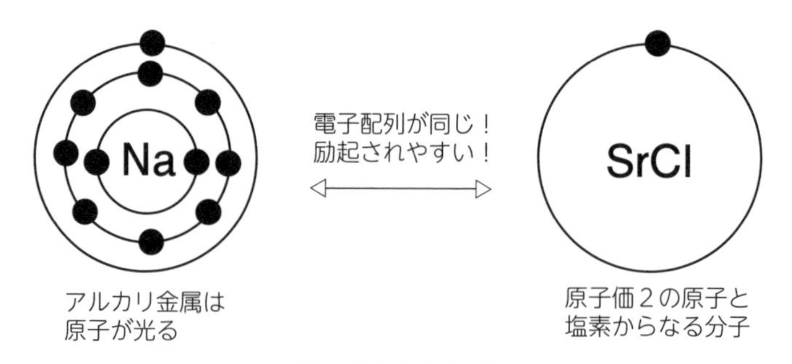

炎色に関わる原子と分子

以下にストロンチウムを入れた紅色花火の発光スペクトルを示す。この図のように、紅色（橙から赤）領域に何本も光が出ていることがわかる。これが帯スペクトルだ。光っているのは塩化ストロンチウム（SrCl）である。ナトリウムとカリウムの輝線スペクトルも見られる。カリウムは酸化剤として過塩素酸カリウムを使っているので強い強度が観測される。しかし、赤外域に近いため、目で感じる光は弱い。ナトリウムはほとんどの発光スペクトルに現れる。ナトリウムは不純物として含有し、微量でも黄色の強い光を発する。マッチや焚き火が黄色の炎なのは微量のナトリウムによる。

なぜ、分子が光る時には何本も光が出るのか？　とても難しいサイエンスになるが、簡単にいえば電子の通り道の自由度が増すためだ。励起状態がいくつもあるといってもよい。そのよい例が銅化合物を使う青色花火である。きれいな青色を出すのは花火師の夢といわれている。しかし、残念ながら、それは原理的に難しい。銅は遷移金属であり、450から550nmの青色波長域に数多くの電子の通り道がある。

発光スペクトルで大事な点は、元素によって光を出す波長が変わらないということだ。ナトリウムはかならず590nmの光を発する。燃えている温度や組成によって波長が変わることはない。

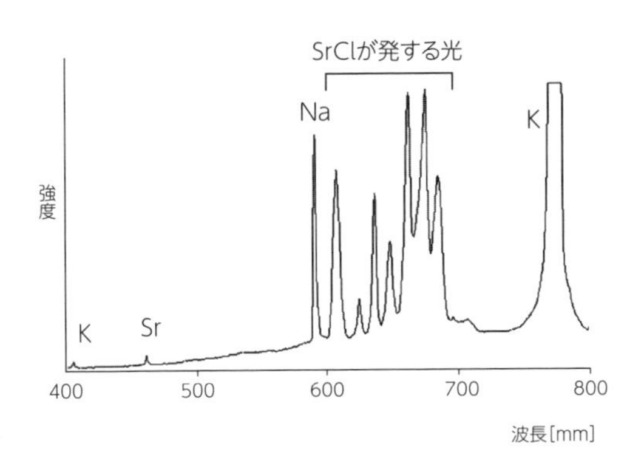

ストロンチウム含有の発光スペクトル

近年、２種以上の色火剤を混合する合色の技術が進んでいる。たとえば、ピンク、レモン、パープルなどである。これは、これまでに紹介した物質を複数入れることで作った「合色」であり、科学的な興味はあまりない。　（松永）

1-5　花火の原理(4)　なぜ音が出るのか？

花火からはいろいろな音が出るが、音は大きく２つに大別される。ひとつは高圧となった気体の急激な開放による爆発音、もうひとつはロケット花火に代表される「笛」の効果だ。それぞれを説明する。

煙火玉が夜空で開発（玉皮（たまかわ）が割れること）すると大きな音を発する。また、風船を割った時にも音が出る。このように高圧の気体が急激に開放されることで爆発音は発生する。一定の条件がそろえば、爆発音は衝撃波という切り立った不連続な圧力波となる。10号玉クラスが開発すると顔にパチッと空気が当たるような感じがする。これが衝撃波であり、計測すると下図のように確かに不連続に圧力が到達していることがわかる。面白いことに衝撃波は地面で反射して圧力がさらに高くなっている。

→が開発すると

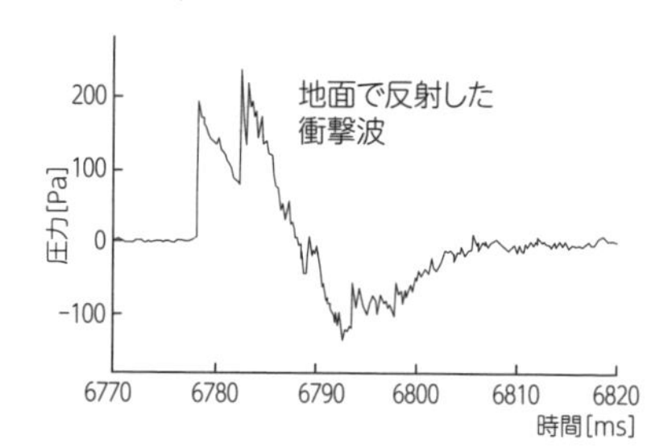

10号玉（尺玉）から発生する衝撃波

この他にも、音が出る花火として身近なおもちゃ花火ではかんしゃく玉、クラッカーなどがある。「今日は運動会があります」ということを知らせるために、朝に打ち上げられる花火は、５段雷と呼ばれる。中に爆発威力がとても大きい雷薬と呼ばれる火薬が詰められている。割物の中には「先割」といって星の最後で「ジャワジャワ」音を出すものもある。これらはすべて爆発する組成の火薬が詰められていて、爆発した時に急激に気体が発生することで音が出る性質を利用している。

もうひとつの音は「笛」の原理を利用している。ロケット花火が代表例だ。

ロケット花火は以下のような構造をしている。紙パイプに詰めているのがミソで、紙パイプの中の空気が振動し共振することで音が出る。リコーダーやパイプオルガンと原理は同じである。息を吹き込む楽器と異なり、ロケット花火の場合は火薬から発生するガスで音が出る。物理学的に説明すると一端が閉じた閉管型の共振（共鳴ともいう）である。笛薬という火薬の上面が「節」と呼ばれる位置になり、開口端の少し上までの長さ（「腹」と呼ぶ）の4倍が音を発する波長となる。音速を波長で割ったものが周波数である。なので筒の長さと径が決まれば発する音の周波数は決まる。管内でいくつか「節」がある「倍音」が計測されることもある。また、火薬が燃えると空長（図参照）が長くなるので周波数も下がる。

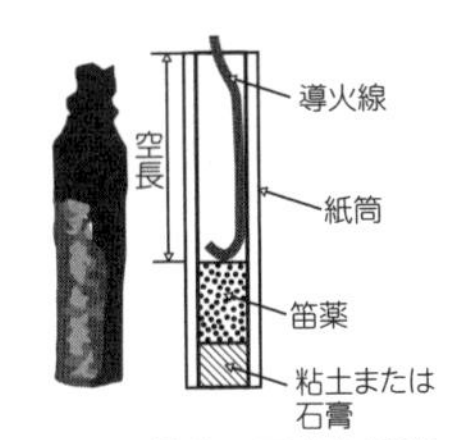

ロケット花火の写真と構造
（『花火の科学と技術』プレアデス出版より作図）

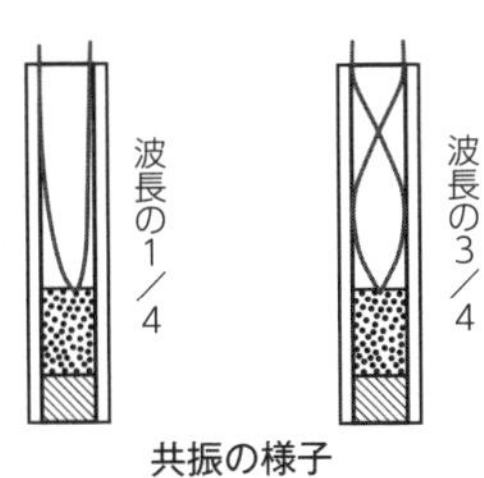

共振の様子

1965年（昭和40）頃、筒の直径や長さを変えて、さまざまな音を出す音花火があった。音楽花火と呼ばれる出し物もあったようだ。しかし現在では音楽をスピーカーで流し、それに合わせて花火を演出することが多い。花火大会で火薬の音の効果は、発射音、打ち上がる途中の笛、開発音、先割くらいであろう。

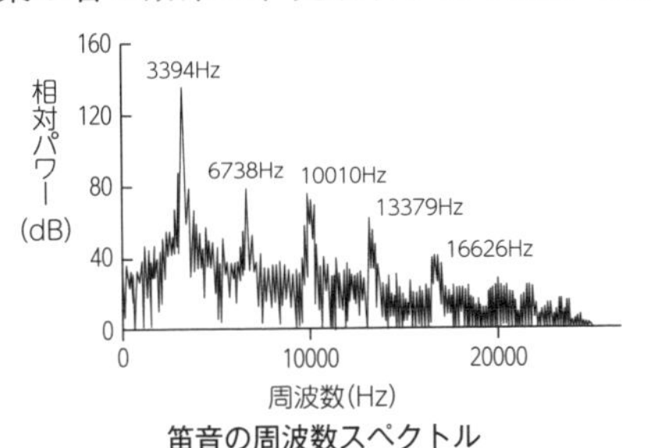

笛音の周波数スペクトル
（『花火の科学と技術』プレアデス出版より作図）

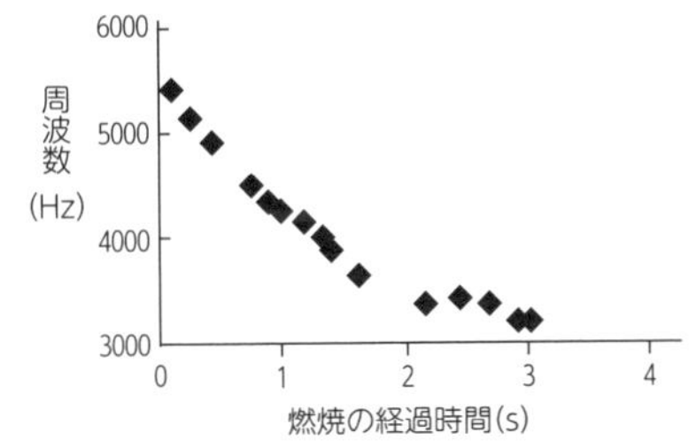

笛音の基本周波数の時間的な変化
（『花火の科学と技術』プレアデス出版より作図）

（松永）

1-6　花火の種類

花火は、火薬類取締法の法律の上では、「煙火」と呼ばれている。煙火は、大きく煙火と玩具煙火（おもちゃ花火）とに分けられる。

煙火は、打揚煙火（打ち上げ花火）と、仕掛煙火（仕掛け花火）、その他に分けることができる。

その他の煙火には、スポーツなどの競技会のスターター用のピストルに使われる紙雷管や、映画や演劇などで効果として使われる効果用煙火、発煙筒、非常信号用などがある。

そのほかにも、一般に「伝統的花火」とも「古典花火」とも呼ばれるものがあり、三河や、遠江、伊那で盛んな手筒花火、朝比奈や草薙、秩父で打ち上げられている龍勢などがある。

打ち上げ花火は、さらに打ち上げる時間によって、昼の花火と夜の花火とに分けることができる。

昼の花火には、運動会やお祭り、イベントなどの合図のために打ち上げる号砲に見立てた雷や段雷、万雷と呼ばれる音花火や、ポカ物と呼ばれる花火が割れて中からさまざまなものが出てくるものがある。ポカ物にはパラシュートに長い旗や国旗をつけた旗物、人形などをかたどった紙製の風船が出てくる袋物などがある。袋物は中身を子供が追いかけて事故になる危険性があることから現在では打ち上げが少なくなった。

夜の花火は光で演出するが、光の代わりに白や黄色、赤、青、緑、黒などさまざまな色の煙を使うのも昼花火の特徴のひとつである。煙は光のようにすぐに消えることはなくしばらく空中を漂い、思いがけない模様を描くこともある。

マグネシウムを加えた花火は昼間でも明るい光を放つため、昼間であっても光で演出する光物もある。

夜の花火は、大輪の花のように広がる割り物、ポカ物、割り物とポカ物の中間の半割り物がある。夜の花火に関しては、次項で紹介する。（加唐）

Column　音楽に合わせた花火の打ち上げ

日本で初めて音楽に合わせた花火の打ち上げを行ったのは1980年の初期である。また、1994年（平成6）には本格的に音楽とシンクロした花火ショーが八景島シーパラダイス（神奈川県横浜市）で始まった。以来、音楽に合わせた花火の打ち上げショーが盛んに行われている。

コンピュータの性能が向上した現在では汎用ソフトが普及し、これに伴い音楽と花火の点火を管理制御するソフトが次々と開発された。まず、使いたい音楽をコンピュータで作成するところから始まり、どのタイミングで点火を行うかを設定できる。その点火時刻の精度は0.1秒以下である。もちろん、打ち上がって開くまでの遅れも計算しなければならない。最後にどんな花火ショーになるかをディスプレイ上で確認することもできる。

このような音楽と合わせた花火ショーは、日本よりも米国で開発されてきた。著名なシステムにPyrodizital発射システムとFireOneシステムが知られている。自動点火システムの導入により、スターマインなどの準備にかかる仕事量はとても増えた。また、打ち上げ現場は電線だらけになる。最近では無線点火システムも開発されており、国内での導入が始められている。

このような自動点火装置には、点火用の電気導火線が正常であることを確認するために点火回路の電気抵抗値を測定する機能がある。また、誤作動で花火が打ち上がることがないように安全装置が付けられている。自動点火装置において、この2つの機能はとても重要だ。

2012年（平成24）7月4日、米国カリフォルニア州サンディエゴで行われた独立記念日の花火大会で、20分かけて十数万発を打ち上げる予定が、点火装置の誤作動により30秒で一斉に打ち上がるという事故が起こった。

音楽に合わせた自動点火装置やセットを簡単にできる無線点火は、点火者および関係者のミスを防ぐとともに、第三者の介入や不測の事態に対処できるよう、緊急停止を確実にできることが重要である。

（松永）

1-7　打ち上げ花火

打ち上げ花火は、昼の花火と夜の花火に分けることができる。昼の花火に関しては、「花火の種類」の項で説明したので、ここでは、夜の花火について紹介する。

日本の花火の特徴は、割り物と呼ばれる大きく花のように丸く開く花火にある。

花火がきれいに丸く広がるには、割り薬の強さと花火玉の外皮に張った張りのバランスにある。

1）牡　丹

割り物花火は、打ち上げて花火が開く様子から、牡丹型花火、通称「牡丹」と、菊花型花火、通称「菊」との２つに分けることができる。

スーッとした尾を引く星を使った花火が「菊」で、尾を引かないのが「牡丹」という。「牡丹」は、色によって「紅牡丹」「緑牡丹」「銀牡丹」と呼ばれ、青いものに限っては「桔梗」と呼ばれることもある。２色、３色と色を重ねるものは「変化牡丹」とも「変色牡丹」ともいう。なかでも白から青へと変化するものは「あじさい」とも呼ばれる。芯と花弁の色が異なるものは「変芯変化牡丹」という。ただし、牡丹とは中心に芯と呼ばれる星があるもので、この芯がないものは「万星」と呼ばれ、色によって、「紅万星」「緑万星」「銀万星」に分けられ、２色混ぜたものは「彩星」と呼ばれることもあるという。

組み合わせによってさまざまな変化をつけることができるので、大きな花火だと３色ぐらい色が変わるのが普通である。

2）菊

「牡丹」とともに割り物花火の中核をなすのが「菊」だ。「菊」のスーッとした尾の色によって名称が異なり、木炭が燃える暗いオレンジ色、いわゆる和火の「引先菊」、アルミニウムを使った明るい銀色の「銀波先菊」、キラキラと光る黄色の「錦先菊」などがある。歴史的には、暗い「引先菊」のみの時代が続き、「錦先菊」が生まれ、明るい「銀波先菊」が出てきた。

尾がスーッと伸びた後で赤くなれば「引先紅」、緑になれば「引先緑」、黄色だと「引先黄」で、明るい銀色だと「引先銀乱」、ぴかっと光ると「引先光露」とも「引先降雪」ともいうが、単純に色の名前を被せて「紅菊」「緑菊」「黄菊」「銀菊」ともいい、すべてが錦のものは「錦菊」という。また、より変わった花火を作り出すために、花の色が半分、半分で違う色の「染分の菊」というものも作られている。

3）冠　菊

大きく開いた花火から星が垂れ下がるのは、明治以前から上げられていた「和火の柳」と呼ばれるものだ。硝石と硫黄と木炭の配合を調整して、やや長く燃焼させているのだが、最初は星をほとんど飛ばさずに「大柳」と呼ばれていたが、しだいに星を円形に開かせるようにして「冠菊」と呼ばれるようになった。芸子の卵である禿の髪型に似ていることから「かむろ」と呼ばれていたが、のちに内容が充実してくると王冠のようだということで、冠という文字があてられるようになった。

この花火はパッとは消えず、雨が降るように地上近くまで花火が落ちてくるように見えるのが特徴である。やや大きな星で作ると「ひまわり」という。

4）芯

花の芯となる部分によっても名称が異なり、比較的大きな芯にすると「椰子芯」もしくは「大雄芯」と呼ばれ、外周まで届くような特別大きなものは「時計草」と呼ばれる。点滅星を芯にしたものは「さざなみ芯」、「群れボタル」という。

芯を真球にするのは技術的に難しいのだが、「二重芯」、「三重芯」の花火が作られるようになった。初めに真球の芯をもつ牡丹が作られ、「芯入り」と呼ばれた。この芯が進化して二重の芯になった時点で「八重芯」と名づけられたが、さらに進化して三重の芯になった。以降は芯の多重度とあわせて、三重芯、四重芯、五重芯となっている。

芯入り花火は、たとえば菊の場合、三重芯では菊の中の芯が三重になっているので、全体としては四重に見える、また、現時点では、完成した姿が見られるのは五重芯までである。「八重芯」は、５号玉（直径15cm）以上、三重芯は７号玉（直径21cm）以上で作る。いずれも普通の花火大会ではなく、競技会などで上げられることが多い。こうした芯の技巧が映えるのは７号玉から10号玉（尺玉）までで、それより小さくても大きくても、真球を作ることが難しくなるという。

5）後の曲物

丸く開いた後に変化する花火を「後の曲物」という。たとえば、「菊小割浮模様」は菊が大きく開いた後、小さな花がいくつも咲く。この花は単色もあれば、２色、３色の花が咲くこともある。また、「菊」が消えないうちに小さい花が咲くようにした花火には「染込」といい、小花の代わりに音を出す雷を入れた「電光」などもある。落下傘に星を吊るし、大きく開花した花火の中心に赤や白の残像を残す「残月」や「一番星」なども後の曲物といえるだろう。

こうした「後の曲物」は、瞬時に消える「菊」や「牡丹」よりも、「冠菊」のような燃焼時間の長い花火の方がより効果的だ。

6）型　物

打ち上げられた後に、丸く開くだけでなく、さまざまな形に開く花火のことを「型物」という。明治時代に生まれた花火だ。丸い型が一番簡単で、「輪違い」「二重丸」「輪に十の字」などがある。これに「菊」用の星を使うと「野菊」「一輪菊」になる。

それに最初の頃はUFOなど円形を元にしたものをかたどった花火が作られるようになった。やがて、「魚」、「麦わら帽子」、「ハート」などが登場し、近頃では動物やキャラクターをかたどった花火も作られるようになった。ただし、見る方向によっては違うものに見えることもあるので、意図した形に見えるように打ち上げるのが難しい。さらに平面的なものではなく、サイコロのような立体物を再現する３Ｄ花火も誕生している。

7）半割り物

割り物ほど割り薬が多くなく、紙も多く張らない打ち上げ花火を「半割り物」という。割り物ほど大きく広がらない。

花火が広がってもすぐには花火が見えず、しばらくしてから小さな花が咲く花火を「百花園」や「千輪菊」と呼ぶ。１度花を咲かせるだけでなく、２度咲かせるものを「二度咲き千輪」という。花の色が紅だけの場合は「紅千輪」「紅花園」といい、銀の場合は「銀千輪」、緑の場合は「緑千輪」といい、青の場合は「あじさい園」となる。２色以上の場合は「混色千輪」や「彩色千輪」、「花園」という。

２度咲きの場合には、初めは単色、２度目は混色などさまざまなバリエーションが楽しめる。さらに花ではなく金色の雷を散らす「万雷千輪」、鋭い光を放つ「尖光万雷」や明るい銀の花の「花雷千輪」などもある。

小さな落下傘に星を吊るすもののうち、緑のものを「松島」、赤いものを「田毎の月」という。

8）ポカ物

昼の花火でも紹介したが、花火の中にものが割れて出てくるものを「ポカ物」という。出てくるものによって、中に入った星がダラリと垂れ下がる「柳」、落下傘に細工物を吊るして落下させる「吊り物」、細工したものを落下させる「落下物」などがある。また、袋物のうち風船の中央に星を吊ったものを「提灯」という。

9）ポカ物の種類

「ポカ物」は、おおよそ6つに分けることができる。さまざまな色の小花、大小の雷と呼ばれる「音物」、ピーッという音を出す「笛」、星を左右に飛ばす細工の「分砲」、勢いよくパイプが動く「蜂」、不規則な動きをする「遊飛星」などに分けられる。また、「落葉」という和紙に色火の火薬を塗った小片を落下させるものもある。ヒラヒラと火が舞う地味な花火だが、色によって、「紅落葉」、「緑落葉」などと呼ばれる。昼の花火だが、かつては、宣伝用のビラを入れて空中からまいたという歴史もある。

10）柳

一口に柳といってもさまざまな種類がある。「柳」に使う星は「割り物」よりも大きいものを使う。

赤いものは「紅柳」、緑は「緑柳」、銀は「銀柳」、青は「青柳」という。「冠菊」に使うように長く垂れ下がるようにすると「引柳」といい、太いものを「大柳」、細いものを「細柳」と呼ぶ。小花や小雷を入れた時には「柳」を「アシライ」という。キラキラとした星を入れると「ホタル」という名前になる。

11）ダリヤ

アルミニウムやマグネシウムを入れた星を「ダリヤ」といい、色に応じて「紅ダリヤ」、「緑ダリヤ」、「銀ダリヤ」、「黄ダリヤ」といい、紅と緑など色を混ぜたものを「混色ダリヤ」や「彩色ダリヤ」ともいう。

12）段咲物

「ポカ物」に使用される落下物の細工の導火線の長さを調節し、音物を3段や5段に分けて鳴らすことも可能だ。

かつては、運動会の開催を知らせる合図として、全国的に使用されていたが、現在では、花火を打ち上げられるような空間を確保できないことや、騒音問題などから打ち上げることが少なくなった。3段になるものを「3段雷」、5段になるものを「5段雷」という。この雷の数は使用する地方によって異なっていた。標準的なのが「5段雷」で、18道府県で使われていたという。

「ポカ物」は、「割り物」と違って外側に丈夫な紙を貼りつける必要はなく、玉皮を張り合わせる程度で作ることができるので短時間で仕上がる。

13）曲（導）付花火

打ち上げ見所は、打ち上がって花火が開くところだけでなく、花火が登っていく姿も鑑賞に堪えられる「曲」または「曲導」が考案された。

単純に和火の尾を引きながら上っていく「朴」。銀色などの色をした尾を引きながら上っていく「昇天物」。「昇天物」は筒から火の尾を引いて上るものを龍が天に昇る姿になぞらえて「昇り龍」ともいう。銀の場合には「昇銀龍」「昇銀引」、金色の場合は「昇引龍」「昇金引」とも呼ぶ。上りながら小花を咲かせる「段咲物」、「昇り龍」と「段咲物」を合わせた「複合物」、星や小花などを一緒に放出させる「花束」などがある。「花束」をかつては「垣根越しの菊」と呼んでいたという。

また、ピーという音が出る笛をつけた昇笛付などや、パリパリという音を立てるものもある。

下からいくつもの小花が咲く「昇段咲物」には、「昇り小花」などがあり、小花の代わりに銀色に光りながら音が出る小雷をつけた「昇り電光雷」、分砲をつけた「昇り分砲」なども作られている。「昇り分砲」よりも太いパイプを使用して小さな星がたくさん出ると「昇り分化」となる。また、「昇り龍」と緑の星を出すと「昇り木葉付き」､昇り笛と段咲雷を合わせたものを「昇り音曲」や「メロディー」と呼ぶ。

打ち上げ花火の原点は、打ち上がっていく花火が太い火の弧の線を描いていく「虎の尾」にあるといわれているので、花火の上がっていく姿を観賞するのは、伝統的な姿なのかもしれない。（加唐）

1-8　花火の種類（4）　爆竹

爆竹は、大きな音が出る火薬を紙筒に入れた花火である。１本だけの単発のものもあるが、多くは柔らかい導火線で何本かをまとめて連発させるものが多い。

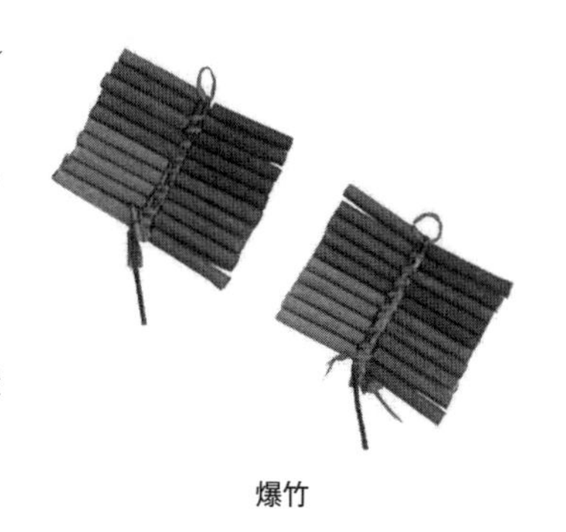
爆竹

火薬には黒色火薬と似た組成（硝酸カリウム／木炭／イオウ）と雷薬と似た組成（塩素酸カリウムまたは過塩素酸カリウム／アルミニウム）が用いられる。

日本では爆竹の大きな音は敬遠されるので、現在ではあまり見る機会がない。しかし、中国の春節（旧暦の正月）ではなくてはならないものである。

1）爆竹の始まり

中国の春節では大量の爆竹が使われる。爆竹には魔除けと神様を迎える（迎神）意味がある。爆竹は火薬の歴史より古く、2000年の歴史があるようである。

爆竹はその字の通り最初は青竹を火の中に入れて爆発させることをいった。竹は節でいくつかの小さな部屋に区切られている。その小さな部屋の中には空気が閉じ込められていて、暖めるとその空気が膨張し、破裂する。破裂する時には大きな破裂音を出す。熔解や悪霊などはこの破裂音に驚いて退散すると信じられていた。

中国では年末から新年にかけて厄払いとして行われていたという。その後も長くこの風習は続き、爆竿とも呼ばれ、詩の中にも読み込まれた。北宋以降は硫黄を使った火薬を使うようになり、爆杖とも呼ばれるようになった。

2）織田信長と爆竹

さて、日本ではどうだろうか。日本でも古くから小正月や節分の催事として

「爆竹」と呼ばれるものがあったようで、鎌倉時代の1251年（建長3）1月16日、後嵯峨上皇が爆竹を見たという記事がみえている（『辨内侍日記』）。ただしこれは青竹を燃やし音を立てるもので、火薬を用いたものではない。

この催事は「左義長（さぎちょう）」と呼ばれて、各地に伝承されている。行われる場所によって、「どんと焼き」などとも呼ばれ、現在はでは1月の第2日曜日に行われることが多く、正月の飾りなどを燃やして正月の神様を天に帰すといわれている。

平安時代に始まったとも、鎌倉時代に始まったともいわれるこの行事、織田信長も行っていた。信長は爆竹が大好きだったようで、信長の家来が書いた『信長公記』によると安土城へ1月15日、近隣の近江の武将たちに思い思いの扮装をさせて爆竹を持ってこさせたという。ちなみに1582年（天正9）の時に信長は、つばの広いフェルトの黒い南蛮帽をかぶり、眉を描いて現れたという。

この後、10騎もしくは20騎ごとに分かれて馬の早駆けをさせた。その時馬の後ろに爆竹をつけて点火し、はやし立て、馬場から町中へそのまま駆け出させてまた馬場に帰ってこさせた。気の小さな動物である馬にははた迷惑なことではあるが、馬好きであった信長はこれが入っていたようで、翌年の1583年（天正10）には、蒲生氏郷や京極高次といった近江の武将たちに爆竹を持ってこさせた。この日は雪が降り非常に寒かったのだが、中止にはしなかったという。もっともこの爆竹、火薬を使った現在のものではなく、竹を使ったものであったようだ。

現在の日本ではあまり使われることがなくなった爆竹であるが、中国では正月などおめでたい時に欠かせないものである。また、長崎で行われる精霊流しというお盆の行事でも爆竹が使われている。

40年くらい前までは「2B弾」などという一般的な爆竹よりも大きく、牛乳ビンを破壊するほどの威力を持つ爆竹も売られていたが、「危険」とされて発売中止になった。

暴走族が深夜に爆竹を使用し迷惑行為に及ぶ事や、暴力団抗争に使用されることもあり、たびたび有害玩具として規制すべきかどうか議論が行われている。

しかし普遍的に楽しまれていることから、大量購入を行わない限りは問題とされない傾向が一般的である。

ちなみに、2014年（平成26）にツキノワグマの出没が460回を超えた岐阜県高山市では、冬眠時期の12月になってもクマの活動が見られたため、同月14日の第47回衆議院議員総選挙に備え、市内約半数の投票所に爆竹が10セットずつ配備された。

（松永、加唐）

1-9　おもちゃ花火

花火師が点火するのではなく、一般の人々が点火して楽しむことができるのが、「おもちゃ花火」と呼ばれる花火である。かつては種類も多く、夏の風物詩ともいうべき存在であったが、現在は安全面や騒音などの問題から、行える場所が少なくなりつつある。

おもちゃ花火には、手に持って火をつけるもの、地面に置いて火をつけるものなどがある。

1）手に持って火をつけるおもちゃ花火

手に持って火をつけるおもちゃ花火には、線香花火や針金や竹ひごなどに薬剤を塗りつけたスパークラー、すすき、トーチなどがある。

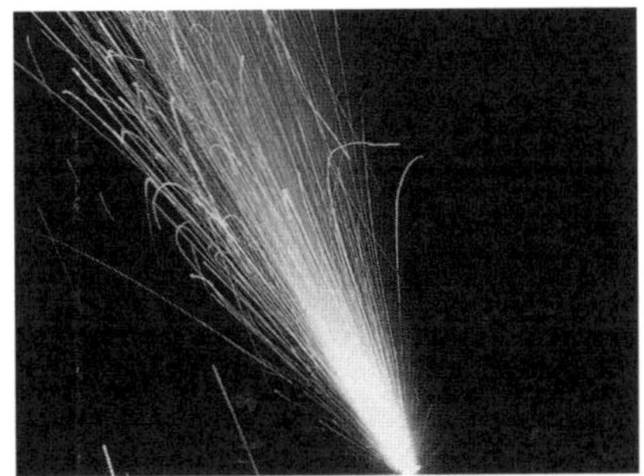

スパークラー

2）地面に置いて火をつけるおもちゃ花火

地面に置いて火をつけるおもちゃ花火には回転する花火、爆発音を出す花火、打ち上げ花火、飛行する花火、走行する花火、煙を出す花火などがある。

回転する花火には、地面に置くものと、紐などで吊るすものがある。

爆発音を出す花火には、火をつけて爆発音を出す爆竹、地面等に投げつけてその打撃で着火・爆発して爆発音を出すクラッカーボール、紐を引っ張った時の摩擦で着火の爆発して爆発音を出すクリスマスクラッカーなどがある。

3）打ち上げるおもちゃ花火

地面に立てたり、びんに挿したりした後に火をつけると花火が打ち上がるおもちゃ花火がある。この打ち上げ花火には一発だけ上がる単発のものと、数発が続けて上がる連発のものとがある。中には落下傘が打ち上がるものもある。

4）飛翔するおもちゃ花火

火をつけた火薬の勢いで空中を飛ぶ花火で、ロケットのように飛び上がるものや、ヘリコプターのように回転して浮き上がるものなどがある。

5）走行する花火

走行するおもちゃ花火には、点火後に地面をくるくると回るねずみ花火や、水の上を走る金魚などがある。

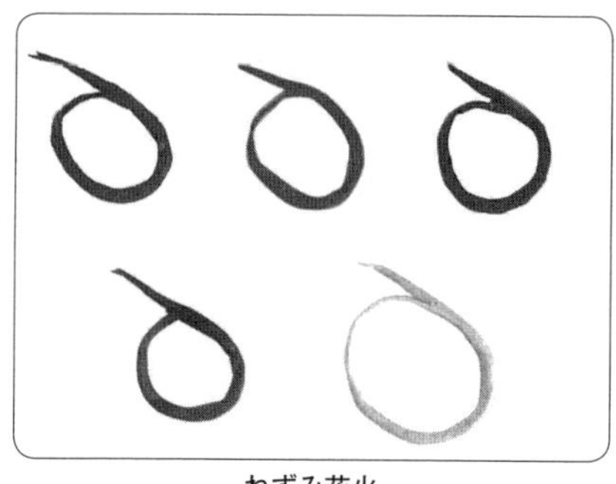
ねずみ花火

へび花火

6）煙を出す花火

点火して煙の出るおもちゃ花火には、筒状の煙幕や球形のスモークボールなどがある。黒い煙だけでなく赤や青、緑などカラフルな煙を出すものもある。このほか、円柱状の花火に火をつけると煙を出して燃えて燃えカスがにょきにょきと出てへびのようになるへび花火などもある。　（加唐）

1-10　花火の材料(1)　酸化剤

煙火組成物（簡単にいうと花火の火薬）は、基本的には酸化剤と可燃剤から構成されている。この酸化剤とは、煙火組成物中で、熱分解に伴って酸素を遊離し、可燃剤等の酸化（燃焼）を促進する機能を有する物質であり、色火剤の機能を兼ねるものもある。

大きく分けて、硝酸塩類、塩素酸塩類、過塩素酸類があるが、この中で現在花火に用いられるのは、硝酸カリウム、硝酸バリウム、硝酸ストロンチウム、塩素酸カリウム、過塩素酸カリウム、過塩素酸アンモニウムの6種類である。

硝酸カリウムは、硝石（しょうせき）とも呼ばれるが、最古の火薬として知られている黒色火薬の主剤として用いられる。花火においても黒色火薬をベースとする、揚薬、割薬、導火線（親コード、雷コード）、親導（おやみち）等に用いられている。燃焼温度が低いために、炎色が暗く色火としての使用には制限があり、星に用いる場合には、和火や引きに限定される。

硝酸ストロンチウムは、可燃剤との燃焼反応の際に美しい赤色光を発生するので、赤光色火剤として花火のほか発炎筒用の組成物にも用いられるが、いずれの場合も酸化剤成分として単独で用いられることはなく、過塩素酸カリウムとともに用いられる。

硝酸バリウムは、可燃剤との燃焼により緑色の焔色を示すので、他の酸化剤との併用で緑光色火の組成物に使用される。

塩素酸カリウムは、明治の初期に色彩豊かな洋火が西洋から導入されたのに伴い使用されるようになった酸化剤である。熱分解時に発熱的に分解し、その発熱が反応を加速させることにより燃焼温度を高めて明るい炎色をもたらすことから、その後盛んに用いられるようになった。しかしながら、塩素酸カリウムを用いた煙火組成物は、発火・爆発感度が高いことから偶発的な発火・爆発を起こしやすく、過去に数多くの爆発・火災事故を起こした。

1992年（平成4）茨城県の煙火製造所での爆発事故を契機に、経済産業省からの指導として、煙火組成物における塩素酸カリウムの使用制限と代替の酸化剤としての過塩素酸カリウムの使用が奨励された。結果として、わが国の煙火組成物への塩素酸カリウムの使用は、現在は発煙組成物にほぼ限定されている。ただし、日本以外の国にあっては、いまだ塩素酸カリウムを使い続けている国も存在する。塩素酸カリウムは花火職人からは、「えんぽつ」、あるいは、「えんぼつ」と呼ばれているが、「えん」は塩素酸カリウムの「塩」、「ぽつ」または「ぼつ」は、カリウムの英語名であるPotassium（ポタッシウム）に由来するものといわれている。

過塩素酸カリウムは、塩素酸カリウムと比較して発火・爆発感度が低く、熱安定性が高いため、煙火組成物に用いる場合より安全であり、先に述べた色火組成物のみならず割薬や発音薬にも用いられる。塩素酸カリウムの項で述べたように、わが国においては先の経済産業省の指導により、煙火組成物における酸化剤として、塩素酸カリウムから過塩素酸カリウムへの代替が進んできており、結果として過塩素酸カリウムは、煙火組成物にもっともよく使われている酸化剤といえる。過塩素酸カリウムは、花火職人からは、「かえんぽつ」、「かえんぼつ」のほか、「カリパー」、あるいは「パーカリ」とも呼ばれている。「パー」は、過塩素酸塩の英語名であるPerchlorate（パークロレート）、「カリ」はカリウムに由来するものといわれている。

過塩素酸アンモニウムは、質量あたりの酸素含有量が高く強い酸化剤であり、ロケット用コンポジット推進薬の主たる酸化剤として用いられているが、分解物がすべて気体となるため、煙を嫌う場合や色彩効果を高めたい場合に使用される。

上記酸化剤については、他の物質と混合することにより、危険性が増加したり、性能が低下したりするケースがあり注意が必要である。以下に、その例を示す。

1）塩素酸カリウムとアンモニウム塩（過塩素酸アンモニウム、硝酸アンモニウム等）：きわめて熱的に不安定で、容易に爆発することで知られている、塩素酸アンモニウムを生成する。

2）塩素酸カリウムと硫酸塩（硫酸銅等）：熱的に不安定な二酸化塩素ガスを生成する。

3）過塩素酸アンモニウムとマグネシウムまたはマグナリウム：可燃性気体である、水素、アンモニアを生成する。（ただし、被覆剤の添加等の処置により、反応抑制は可能）

4）硝酸カリウムと過塩素酸アンモニウム：水分存在下で吸湿性の硝酸アンモニウムを生成する。（性能低下）

過塩素酸カリウム、過塩素酸アンモニウム等の過塩素酸塩が水に溶解すると、解離した過塩素酸イオンが安定して存在することが知られている。これが人体に取り込まれると、甲状腺へのヨウ素の取り込みを減少させ、甲状腺機能の低下、ヨウ素の欠乏を引き起こすことが明らかとなっているが、水質基準を決定するには情報が不十分であるため、現状では要検討項目*となっている。

花火に使用される過塩素酸塩については、それらが、製造から消費にいたるまでの間に環境に与える影響の調査等を行いながら、過塩素酸イオンの健康影響について注意深く見守る必要がある。　（新井）

＊要検討項目

毒性評価が定まらない、または浄水中の有在量が不明等の理由から水質基準項目、水質管理目標設定項目分類できないとして情報、知見を収集すべきとされた項目。

Column　謎だらけの線香花火

1）線香花火の四季

下図に示すように、線香花火には牡丹、松葉、柳、散り菊の４つの段階がある。

まず、点火後に紙縒りの先端に火球ができる。一呼吸おいて、パッパッと勢いよく火花が飛び出す。しばらくすると、心地よい音とともに、火花が火球を取り囲む。火花は遠方で枝分かれして、松葉状の火花になる。最後に、柳のような姿を見せる。このように、線香花火の一生には「四季」がある。

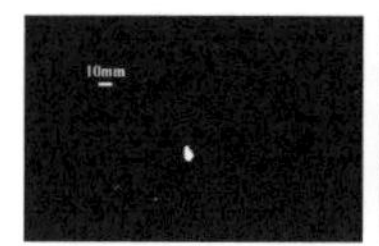

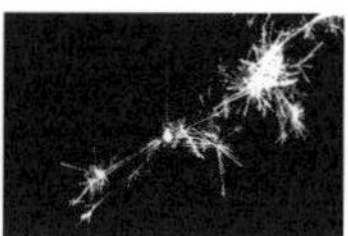

線香花火の四季

この独特の美しさは熱放射によるもので、約1000℃の火球や火花の熱エネルギーの一部が、光となってわれわれの目に届く。一方、打ち上げ花火の温度は、2000℃ ~3000℃と高く、炎色反応によって鮮やかな色を見せる。

線香花火の火薬には、炭粉、硫黄、硝酸カリウムの混合物である黒色火薬を用いる。金属粉は混入しない。線香花火には、長手とスボ手の２種類があり、このうち長手は約0.1gの黒色火薬を紙縒りで包み、縒り合わせて作る。スボ手は、藁の上端に、にかわで練った黒色火薬を塗布し、上端に点火する。

2）線香花火の歴史

日本の花火の起源は、戦国時代の鉄砲伝来にさかのぼる。鉄砲と同時に伝わった黒色火薬を利用して、江戸時代の職人が花火を作るようになった。線香花火が始まった時期は定かではないが、江戸時代初期には庶民に親しまれていたようである。以来、今日までおよそ400年の間、人気の花火ということになる。

現在、国産の線香花火は、生産量全体のわずか1％に過ぎない。大部分は中国で作られ、日本に輸出される。長手の産地は、群馬県、愛知県、福岡県にある。スボ手は、福岡県のみで作られている。製造にあたって、黒色火薬の原材料や和紙の選定はもちろん、縒りの技術も重要である。同じ火薬と和紙を使っても、素人が縒ると火花が出ない。

線香花火の研究の歴史を振り返ると、およそ100年前に、寺田寅彦が線香花火の事象に関心を持った。その後、中谷宇吉郎と関口譲の研究によって、周囲に酸素がなければ線香花火の火が消えることがわかった。これは実は当たり前のことではない。打ち上げ花火や他の手持ち花火は、酸素がない真空中でも、自らが持つ酸化剤によって燃え続けることができる。1950年代に、清水武夫が黒色火薬の成分と火花の関係を調べている。同時期に、新宿高校物理部の生徒と教師の前田明は、いくつかのカリウム化合物と炭粉によって火球が構成されることを明らかにした。

先人たちの研究によって、線香花火の重要な事実が明らかになった。しかし、いまだに多くの不思議がある。たとえば、なぜ火花が飛び出すのか？　そして、なぜ火花が破裂するのか？　という、誰もが思う素朴な疑問は、驚くことに江戸時代からの謎である。

3）美の物理

線香花火に謎が多い原因のひとつは、現象が非常に短い時間で起こるため、肉眼で観察するのが難しいことがあげられる。たとえば、わずか1000分の1秒以下で起こる火花の破裂過程を、目で見ることはできない。しかし近年、高速度カメラを用いることで、線香花火の美の物理がじょじょに明らかになってきた。

では、火花はどのように飛び出すのだろう。そもそも、火花とは何であろうか。

ここでは、前半期の火球に注目しよう。下図に示す時系列写真を見ると、膨張した火球の右側が破裂して孔ができる。この時、火球内部は空洞であることがわかる。シャボン玉が破裂するのと同じように、縁に働く表面張力によって孔が広がる。孔の縁が火球本体に引き戻されると、流れが集まって、液体のジェットが伸び、やがて分裂して液滴ができる。液滴は、飛行しながら周囲酸素と反応して発熱し、火花となる。つまり、火花は液滴である。そして、火花は火球が破裂することで放出される。

次に、火花はどのように破裂するのであろう。右図にその様子を示す。火球を飛び出した液滴の内部に、突然ガスが発生して、液滴が急激に膨張し、破裂する。すると、数個の子液滴が作られ、一部の子液滴が連鎖的に破裂する。こうしてできた子液滴が、再び周囲酸素と反応して高温になることで、松葉状の火花になる。火球を飛び出した液滴は、最大で10回破裂する。

火花の放出や破裂以外にも、たくさんの不思議がある。線香花火の温度は何で決まるのだろう？　どうして四季があるのだろう？　なぜ音が出るのだろう？　こうしたことを考えながら、線香花火を楽しむのも一興である。

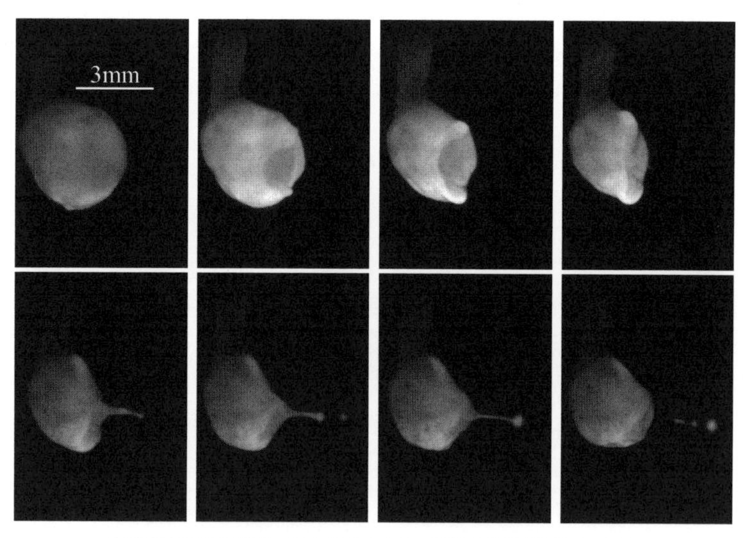

火球を飛び出す液滴（左上から右下に1000分の8秒ごとの映像）

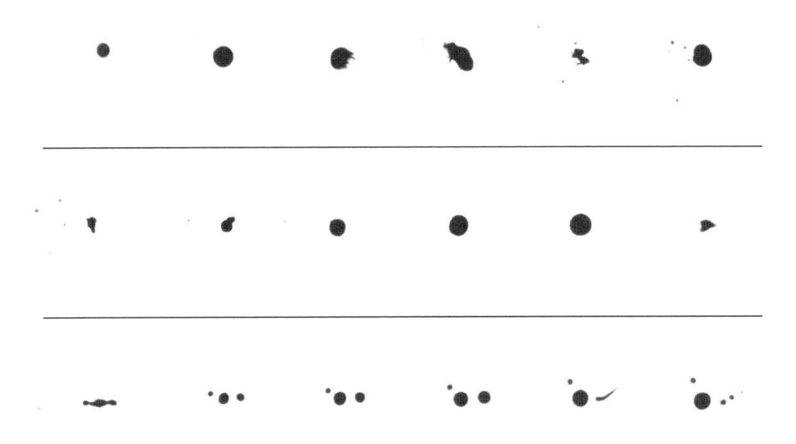

液滴（火花）の連鎖破裂
（左上から右下に１万分の１秒ごとの影写真。初期液滴の直径は約0.1mm）

4）線香花火の未来

これからも夏の風物詩のひとつとして、伝統技術の粋である線香花火を楽しみたいものである。同時に、最近分かってきた美の物理と伝統の技術をうまく融合させることで、一味違う線香花火ができる可能性もある。遠くない未来に、伝統的な線香花火と、新しい線香花火の共演を見ることができるかもしれない。

（井上）

1-11　花火の材料(2)　可燃剤

可燃剤は、煙火組成物中で、酸化剤から遊離した酸素と反応して酸化生成物を生成するとともに熱を発生する。花火においては、この酸化生成物および熱を利用して、多くの効果（光、色、煙、音、運動）を作り出す。したがって、後述する色火剤、発煙剤等も広い意味では可燃剤と考えられるものもあるが、ここではそれらを分け、可燃剤の項では基本的な可燃剤のみを取り上げた。また、煙火の業界では、可燃剤ではなく助燃剤といわれることが多い。可燃剤は大きく、無機系と有機系に分けることができ、無機系のものには、硫黄、三硫化アンチモン、鶏冠石（けいかんせき）、赤リンおよび金属粉があり、有機系としては、炭粉、セラック、ロジン、松根ピッチ、アッカロイドレジン、デンプン、デキストリン等がある。

硫黄は、黒色火薬の２つの可燃剤のうちのひとつとして知られている。発熱量は低いが、きわめて低い融点（119℃）を有するために、反応を開始しやすくする火性向上のために用いられる。煙火組成物に用いる場合には、昇華精製による「硫黄華」は避け、純度の高い「硫黄粉」を使用するのがよいとされている。硫黄華は、酸化による酸性不純物を含むため、塩素酸塩系酸化剤と反応する可能性があり危険である。

三硫化アンチモンは、硫黄と同様に、煙火組成物の着火性を向上させる。単位質量あたりの理論燃焼熱は硫黄より小さく、煙火組成物の打撃および摩擦感度を鋭感化させる。

鶏冠石は、ヒ素の硫化鉱物であり、主成分は四硫化四ヒ素である。低融点、低沸点を特徴とし、鋭敏な発音組成物（赤爆）の可燃剤（酸化剤は塩素酸カリウム）として主におもちゃ花火に用いられた。しかしながら、鶏冠石に含まれるヒ素の毒性の問題から、最近では使われていない。

赤リンは、赤褐色の粉末で、花火に用いられる可燃剤の中ではもっとも燃えやすく、260℃付近で発火する。火花または摩擦によっても容易に発火し、酸化剤との混合物は、場合によっては爆発的に燃焼する。かつては塩素酸カリウム、現在は過塩素酸カリウムとの組成物が発音剤として、おもちゃ花火に使われているが、この組成物は、熱、摩擦、打撃に非常に敏感なので、とくに注意が必要である。

金属粉としては、アルミニウム粉、マグネシウム粉、マグナリウム粉、鉄粉、珪素または珪素鉄粉、チタン粉、亜鉛末等が火花剤、発熱剤、発音剤を兼ねて使用される。

煙火原料の可燃剤として使用されるアルミニウム粉は、その形態によって「フレーク」、「アトマイズド」、「パイロ」等がある。「フレーク」は、扁平な粒子で反応性に富み白色火花等に使用される。「アトマイズド」は球形粒子で「フレーク」に比べて安定している。「パイロ」は小さな粒子であることから、比表面積が大きく、反応性が非常に高い。この「パイロ」と酸化剤からなる煙火組成物は、着火しやすく爆発威力も大きい。アルミニウムは空気中の酸素により容易に酸化される。このため、アルミニウム粉の表面は酸化アルミニウム（Al_2O_3）の緻密な酸化皮膜で覆われており、この皮膜が内部金属を酸化から保護するため長期間の貯蔵が可能である。しかしながら、組成物が硝酸塩系酸化剤を含む場合には、水分の存在により、

$$3KNO_3 + 8Al + 12H_2O \rightarrow 3KAlO_2 + 5Al(OH)_3 + 3NH_3$$

の反応を起こし、アンモニアと熱を発生する。さらにこの反応は、反応により生成したアルカリが次触媒的に働いて反応を加速させるほか、密閉化では自然発火のおそれがあることが知られている。これらの問題を避けるための方策としては、ホウ酸（H_2BO_3）のような弱酸を共存させることでアルカリ生成物を中和する、あるいはアルミニウム粉をワックス等の保護層で被覆してこの反応を抑制する方法が知られている。

マグネシウムは反応性に富む優れた発熱剤であるが、同時に酸と反応して水素を発生する危険性があることから、使用にあたっては注意が必要である。空

気中の水分のほか、食酢、ホウ酸のような弱酸、さらにはアンモニウム塩さえ酸として作用する。過塩素酸アンモニウムを代表とするアンモニウム塩との組成物においては、直接的な接触を避ける目的で亜麻仁油、パラフィン等によるマグネシウム表面の被覆が行われる。

マグナリウムは、マグネシウムとアルミニウムの50/50合金である。硝酸塩との組成物ではアルミニウムより安定で、弱酸との反応ではマグネシウムよりは穏やかなことが知られており、白色火花効果を生む火花剤、また発熱剤として用いられる。

鉄粉は、燃焼に際してその含有炭素が火花を発生することから、火花剤として用いられる。一方で、鉄粉は空気中では錆びやすく、容易にその効果を失うため、パラフィン被覆による防錆が使われるほか、手筒（伝統花火：後述）などでは、消費直前に配合するなどの措置が講じられる。

珪素鉄とは、比較的純度の低い金属珪素の別称である。テルミット反応を利用した火花剤・発熱剤に使用される。

チタン粉は、酸化剤とともに、明るい銀白色の火花や照明効果を作り出すので使用される。

亜鉛末は、表面に薄い酸化皮膜をもつ粉末状の亜鉛で、発熱剤として使用される。

炭粉とは、粉末状の炭の総称であり、原料としては、松炭、桐炭、竹炭、麻炭等の木炭および油煙（すす）等がある。黒色火薬における可燃剤として硫黄とともに配合されるが、硫黄が着火性に寄与するのに対し、炭粉は威力に寄与するといわれており、急速な燃焼および高熱とガス発生を望む時の可燃剤として用いられる。炭粉の原料の違いは、作られる煙火組成物の性能に大きく影響する。一般に、松炭を用いた黒色火薬系の組成物は、着火により美しい橙赤色の火の粉を出して燃焼することから、火の粉剤として使われる例が多く、また、油煙を用いた黒色火薬系の組成物では、火の粉を生じずに赤紫色の光を放つことが知られている。

セラックは、シェラックとも呼ばれるが、インドやタイの森林で生息するラックカイガラムシ（Laccifer lacca）およびその仲間の雌が分泌する樹脂状の物質。かつては、木材仕上げ塗料やレコードの原料として使われた。主成分はトリヒドロパルミチン酸で、色火薬による焔色を妨げることが少ないことから、優れた花火用の可燃剤として広く使用されている。

ロジンは、マツ科の植物の樹脂（生松脂）からテレピン精油を蒸留採取した残渣であって、黄色～黒色半透明の固体。40 ～ 60℃で軟化し、アルコール、テレピン油に可溶。一般には、防水や滑り止めの用途に用いられるが、燃料や着火剤としても使用される。軟化点が比較的低いために、凝集固化しやすく、粉末での長期保存には向かない。

松根ピッチは、松根油の蒸留残渣であり、セラックに次ぐ優れた色火薬用の可燃剤として知られている。セラックが緩燃性であるのに対し、松根ピッチは速燃性であるため、両者の配合比により燃焼速度の調節が可能となる。ロジンと同様に、軟化点が40 ～ 60℃であるため、粉末状態での長期保存には向かない。

アッカロイドレジンは、レッドガムともいわれ、ワニスに用いられるオーストラリアの木からとれる黄色ないし赤色の樹脂である。可燃剤としては、高発熱量が特徴であるほか、融点が低く発火しやすい。

デンプンとして可燃剤に使われるのは、小麦粉または馬鈴薯でんぷんである。低発熱量で溶融なしに燃焼するのが特徴である。

デキストリンは、デンプンまたはグリコーゲンを加水分解して得られる低分子量の炭化水素の総称であり、色素発煙剤の助燃剤として用いられる。分子量とそれに伴う燃焼挙動がメーカー間およびバッチ間で異なるため、注意が必要である。

（新井）

1-12　花火の材料(3)　色火剤

高温で熱励起された化学種の原子発光による線スペクトル、分子発光による帯状スペクトルのうち、可視領域（380 ～ 780nm）のものは、色を伴った光として認識される。この発光が花火における色火として利用されるが、利用にあたっては、燃焼による熱と発光種となる色火剤が必要である。

花火に使用される主な色火剤を以下に示す。

1）赤光

a.　硝酸ストロンチウム

硝酸ストロンチウムは赤色炎組成物の色火剤兼酸化剤として使用される。吸湿性があるため、水分の混入、湿気等に注意が必要である。

b.　炭酸ストロンチウム

適切な条件下では、美しい赤色炎を示すが、不活性な炭酸イオンが燃焼を抑制するため、使用できる量が制限される。

c.　蓚酸ストロンチウム

炭酸ストロンチウムとほぼ同様な赤色炎をしめすが、やや燃えやすく燃焼時間も比較的短い。

d.　硫酸ストロンチウム

主として点滅用の赤光色火剤として用いられる。

2）橙赤光

a.　炭酸カルシウム

ストロンチウム塩と比較すると、炎色の鮮明さに劣る。

3）黄光

黄色光はナトリウムの原子発光（D線）から得られる。黄光色火剤としては、吸湿性の低いナトリウム化合物が使用される。

a.　蓚酸ナトリウム

吸湿性が低く、実用的な黄光色火剤として用いられる。

b.　氷晶石（クリオライト）

蓚酸ナトリウムと同様、吸湿性が低く、実用的な黄光色火剤として用いられる。

4）緑光

緑光色火剤には、バリウムの化合物が用いられるが、反応中に酸化バリウムが生じると不鮮明な緑黄色となる。このため、良質の緑色炎を得るためには、酸素不足の状態での燃焼が好ましく、とくに、色火剤が酸化剤を兼ねている場合には、使用量は最小限にする必要がある。

a.　硝酸バリウム

硝酸バリウムは、色火剤であると同時に酸化剤でもあり、良好な緑色炎をえることができる。分解温度が高く、かつ吸熱分解であるため、取扱いは比較的安全に行うことができる。

b.　塩素酸バリウム

塩素酸バリウムは、色火剤であると同時に酸化剤でもあり、良好な深緑色炎を得ることができる。一方、本質的に不安定で、可燃性物質との混合により爆発性混合物となる場合があるので注意が必要である。

c.　硫酸バリウム

主として点滅用の赤光色火剤として用いられる。

5）青光

a.　酸化銅

酸化銅による青色炎では、炎の先端に、赤色領域における一連の帯スペクトルに基づく赤味がかった発光が見られることがあるのが特徴である。

b.　硫酸銅

後述の花緑青とほぼ同一な青色がえられるが、花緑青とは性状が異なるため、用途に応じた使い分けが必要である。とくに、結晶水が多く、星には向かないとされている。また、強酸塩であるため塩素酸塩系の酸化剤との混合使用は、自然発火や爆発等の危険性があるので避ける必要がある。

c.　花緑青

吸湿性がなく、弱酸塩なので塩素酸塩系の酸化剤との混合使用が可能である。ただ、超微粉であり、また毒性もあるため飛散や吸入に注意する必要がある。

a.　塩基性炭酸銅

いわゆる緑青の主成分であり、青色の色火剤として使用されている。緑青は、かつて猛毒であるとされていたことから使用を敬遠するむきもあったが、1980年代になってからの研究で、経口投与による半数致死量（LD50）の値が、1,000mg/kg以上と、毒物劇物取締法での劇物の基準である300mg/kg以下を大きく上回っていることから、毒性に関しては問題ないといえる。　（新井）

1-13 花火の材料(4) 発煙剤

煙とは、互いに凝集することなく浮遊する、粒子径10^{-5}～10^{-9}mの微細な液体または固体粒子である。基本的には、高沸点の物質Aと低沸点の物質Bからなる加温された均一気体混合物を作り、これを冷却することで、物質Aのみを凝縮させて煙を発生させる。ここでは、高沸点の物質Aは、冷却に伴い液体または固体の微細な粒子として析出し、物質Bは、気体状態を保って物質Aの微細粒子が互いに凝集するのを妨げる。花火においては、この加温（加熱）に燃焼を利用するが、煙のもととなる粒子は、色素（顔料、染料）の加温→気化（昇華）→冷却→凝集→微粒子析出によるものと、燃焼中での化学反応による生成物→冷却→凝集→微粒子析出によるものがある。前者は主に彩煙に、後者は、白煙（化学反応による白色の塩化亜鉛を生成）または黒煙（芳香族化合物の燃焼によりすすを生成）に用いられる。とくに、色素（顔料、染料）は、高温での分解あるいは炭化等により変色等を起こしやすいため、使用にあたっては燃焼温度の制御が必要である。このためには比較的低温で燃焼持続させやすい、少量の塩素酸カリウムの使用が一般的である。花火に用いられている発煙剤としては、以下のものがある。

1）赤煙

パラレッド、スモークレッド、ローダミン

パラレッドは加熱により溶融し、ついで橙赤色の煙を生成しつつ蒸発し、一部は炭化する。ローダミンは加熱により紫赤色煙を生成しつつ昇華し、一部は炭化する。

2）橙煙

オイルオレンジ

3）黄煙

スモークイエロー、バターイエロー、オーラミン、アミノアゾベンゼン、鶏冠石

アミノアゾベンゼンは、橙赤色を帯びた黄色煙となるため、オーラミン等との混合が推奨される。一方、オーラミンは、吸湿性があり、また、塩素酸塩との混合で自然発火する危険性があるため使用にあたっては注意が必要である。

4）緑煙

青煙と黄煙を混合する。

5）青煙

メチレンブルー、フタロシアニン、インジゴピュア

メチレンブルーは熱分解して青色煙を発生するが白煙および炭塊を生じやすい。インジゴピュアは暗青色の粉末で、加熱により昇華するが多少黒色残渣を生じる。

6）白煙

亜鉛末・亜鉛華・六塩化エタン(酸化剤)系、硫黄・硝酸カリウム(酸化剤)系

亜鉛華は純度に応じて煙の白色度が増加する。硫黄・硝酸カリウム系は、燃焼ガス中に有害な二酸化硫黄ガスが含まれるため、使用場所等に気をつけて使う必要がある。

7）黒煙

アントラセン、ナフタレン、石炭ピッチ

いずれも、芳香環を多く含む物質であるが、アントラセンは、不純物が多いと途中消火することが知られている。ナフタレンは昇華し易く、保存中に組成物の成分が変化するので長期保存には向かない。　(新井)

1-14　花火の材料(5)　和紙

花火、とくに打ち上げ花火には、多くの部分で紙が使われている。玉皮（外殻）、仕切り、玉貼り、ポカ物に入れる落下傘、旗、袋物等がその代表的なものである。かつてはすべて和紙が使用されていたが、現在では安価な洋紙（ボール紙、新聞紙、クラフト紙）等で代替されることが多くなってきている。しかしながら和紙は、柔軟、緻密、高抗張力、高耐折性等の優れた特徴を有しており、日本の花火には、その特徴が活かされている。以下に、主な和紙の原料と、それらから作られた和紙の特徴および花火への適用方法について述べる。

1）楮（こうぞ）

楮はクワ科の落葉低木であり、枝を切り取り、剥いだ皮を原料として楮紙とする。繊維が太く強く、強度を要求する和紙の中心的な原料である。楮紙は柔軟、高耐折性、高抗張力で、厚さは通常0.05 ～ 0.1mm、用途により厚さを使い分ける。玉貼り、仕切り等のほか、強度が要求される部品の製造等にも用いる。

2）雁皮（がんぴ）

雁皮はジンチョウゲ科の落葉低木であり、生育が遅く、栽培が難しいことが知られている。このために野生のものを採取せざるを得ず、雁皮紙の生産量は少ない。雁皮紙は、「紙の王様」と称され、透明度が高く、光沢があり、緻密かつ高抗張力である。その薄くて強度を有する特徴から、ポカ物に入れる、旗、袋物、落下傘等に用いられる。

3）三椏（みつまた）

三椏もまたジンチョウゲ科の落葉低木であるが、雁皮に比べて栽培が容易であることから、雁皮の代用原料として楮に次ぐ和紙の主要な原料である。三椏紙は柔軟緻密な薄葉紙であるが、その特性は雁皮紙にはおよばないといわれている。雁皮紙同様、落下傘、旗等に用いられる。　（新井）

1-15　打ち上げ用筒の材質

花火の打ち上げに使用される筒は、木材、鉄、ステンレススチール、グラスファイバー強化プラスチック、紙と、技術の発達とともにより軽い材質のものが開発されてきている。かつての花火大会では、花火師が打ち上げごとに玉の装填、点火を行い、１本の筒で数発～十数発を打ち上げる単発や早打ちが主流であったが、最近では安全上の観点から、点火玉や電気導火線を用いた遠隔点火が奨励されるようになってきている。遠隔点火では煙火玉の数と同数の打ち上げ筒が必要となることから、１回の花火大会で使用される打ち上げ筒の本数が飛躍的に増加してきている。その結果、軽量な打ち上げ筒が好まれるようになってきている。一方、各材質の打揚筒には重量以外にも特徴があり、打ち上げ筒の選択にあたっては、用途および価格バランスで決定されているようである。

1）　木筒

木の幹をくり抜き、まわりを竹の箍（たが）で締めた筒。歴史的には重要な筒であり、かつてはもっともよく使われていた。しかしながら、比較的重く、耐久性に劣ることから最近ではほとんど使われない。

2）　鉄筒

木製の筒に代わって登場したのが鉄製の筒である。耐久性に富む一方で、重く、持ち運びには難がある。このため、10号（１尺玉）以下の打ち上げに使われることは少なくなりつつある。一方、とくに大きい30号（３尺玉）以上の大玉では、現在でも広く使われている。

3）　ステンレススチール製

ステンレススチールは、鉄と比較して、強度的にはほとんど変わらないものの腐食に強く長寿命という特徴をもつ。また腐食による劣化を考慮する必要がないため、肉厚を薄くすること、すなわち軽量化が可能である。10号（1尺玉）以下の打ち上げによく使われるが、20号までの筒も存在するようである。

4） FRP筒（グラスファイバー強化プラスチック製）

グラスファイバー強化プラスチックで一体成型した筒は、強度があり軽量でかつ比較的安価であることから、10号（1尺玉）以下の打ち上げには好んで使われるようになってきた。ただし、ステンレスに比べ、寿命が短いともいわれている。

5） 紙筒

軽量、安価が特徴であるが、短寿命（許容打ち上げ回数少）であり、比較的小口径の玉の打ち上げに、使い捨てに近い感覚で用いられる。また、耐水性に大きく劣り、雨に晒されると強度が低下して使用不可能になる場合がある。一方で、万一筒バネ（何らかの原因で起こる筒内での打ち上げ玉の爆発）が起こった場合、上記の材料（木、鉄、ステンレス、FRP）の打ち上げ筒では、破片の飛散による人的被害が懸念されるのに対し、紙筒では、破片が細かく粉砕された紙片となるため、衝突による人的被害の可能性の低下が期待できる。このため、打ち上げ現場が比較的狭い花火大会等で使われている例が多いようである。

（新井）

1-16　花火の構造

打ち上げ花火は発射するための筒に入れられて揚薬（黒色小粒火薬）の力で空中に上げられる。この時に同時に親導と呼ばれている導火線に着火される。導火線の中の火薬は打ち上がる間、じょじょに燃焼し、最後に中心部の割薬に着火する。導火線の燃焼する速さは5 cmを5秒である（1 cm／秒ではない）。なので、導火線の長さを調節することで、ちょうど頂点に達したところで開発させることができる。

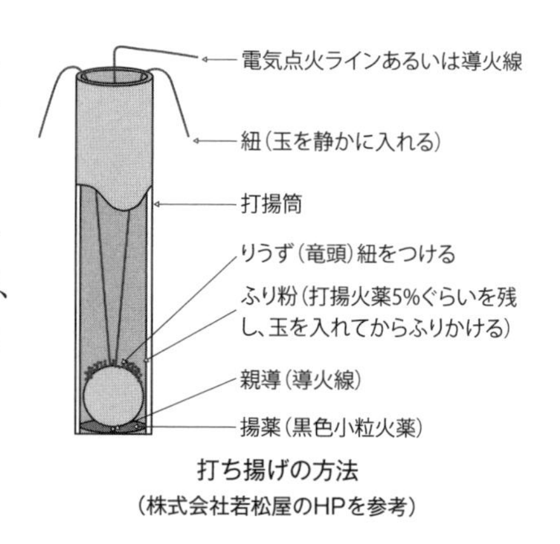

打ち揚げの方法
（株式会社若松屋のHPを参考）

夜花火の割物という典型的な打ち上げ花火の構造を紹介する。基本的には導火線で割薬まで火を伝える。割薬は爆発的に燃焼し、きれいな光を出す星を着火させると同時に玉皮を均一に割り、星を飛散させる。この時に図に示すように三重に星を詰めておくと三重に開く。また、星の中の色を出す火薬も何層かにすることで、飛びながら色を変えることができる（変化星）。

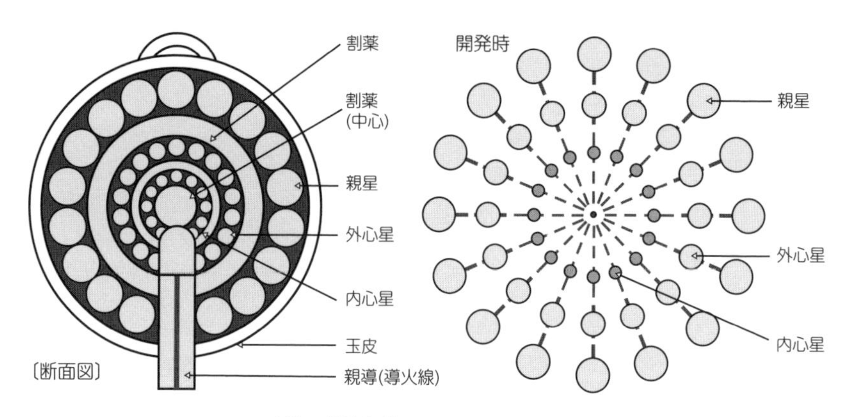

割物の構造と構図（株式会社若松屋のHPを参考）

割物の多くは菊と牡丹だ。菊は花の菊のように光を引きながら丸く開いていく。真ん中に小さな星が光る菊を芯入り菊という。ややこしいのは八重芯菊と三重芯菊だ。三重芯菊は芯が三重であり、一番外が菊なので全体として四重の円ができる。これは字の通りである。では、八重芯菊は８つの芯があるように思えるが、実際には芯は２つ（？）で全体として三重の円ができる。なので、八重芯菊よりも三重芯菊の方が構造が複雑で製造にも時間がかかる。なお、最近では五重芯という精密な花火玉も競技会では散見される。牡丹は菊と違い光を引かないで光の点として開いていく。牡丹にも芯入りがある。

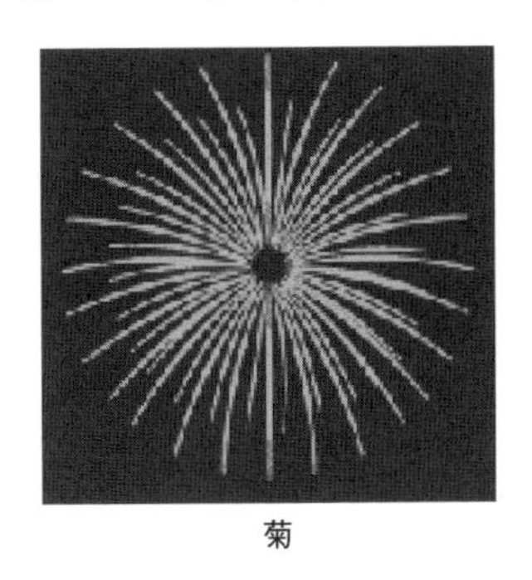

菊

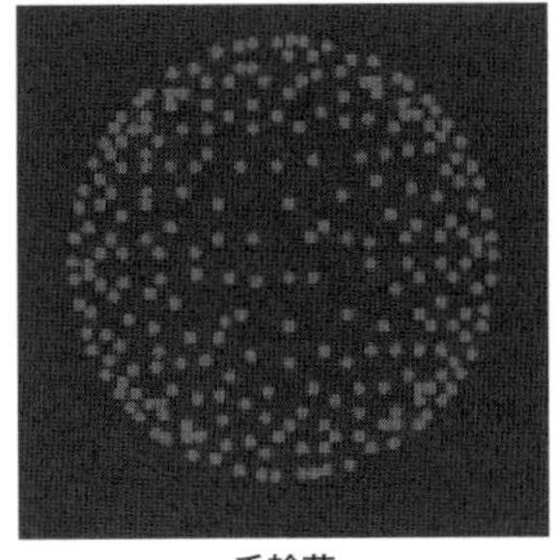

千輪菊

夜空にハートやドラえもんの形を描くような打ち上げ花火がある。型物と呼ばれるものだ。これは右のように形を並べると、開発時にもそのようになる。難しいのは空中で観客によく見えるように向けることであり、実際には何発かを上げて、偶然を期待するしかない。

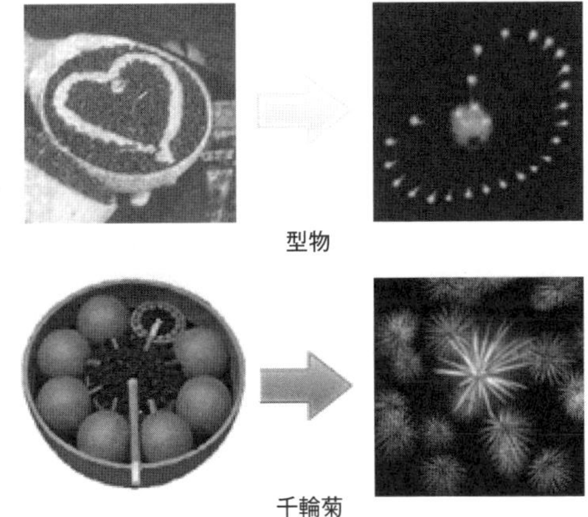

型物

千輪菊

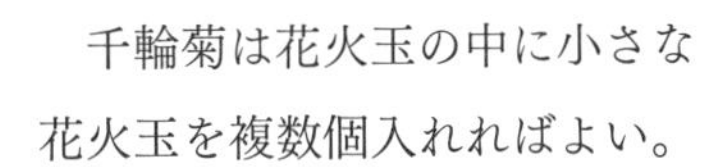

千輪菊は花火玉の中に小さな花火玉を複数個入れればよい。

割り物に対して、ポカ物と呼ばれる打ち上げ花火もある。爆発的に割るのではなく、玉皮を薄くしてポカッと開かせるのだ。ポカ物の代表例は５発大きな音を出す５段雷である。「今日は運動会（祭り）をやります！」と朝早くに打ち上げる、関係のない人にはとても迷惑な花火がそれである。ちなみに、音が出る時差はどうやっているのだろう。図にあるように雷粒にはそれぞれ導火線が付いていて、その長さを変えればよい。

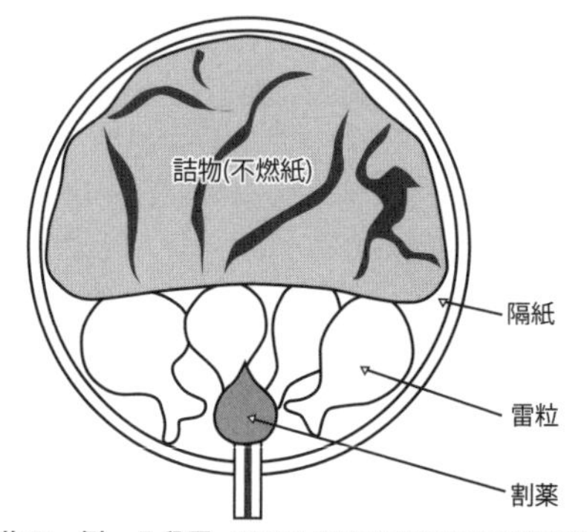

ポカ物の一例　５段雷（株式会社若松屋のHPを参考に作図）

大きな花火玉には打ち上がる途中で音や光が出るような「昇り曲（導)」という花火がある。これは図のようにメインの花火に小さな花火を縛りつけており、導火線の長さで着火する時差をつけている。

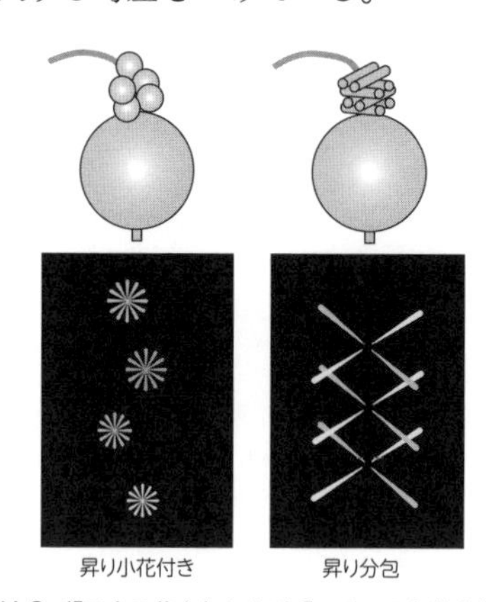

昇り曲導付とは？（「日本の花火」および「いろいろな花火」HPより作図）

（松永）

1-17　花火の年間スケジュール

一般に花火の打ち上げられるのは夏から秋にかけて、具体的には6月末ぐらいから9月いっぱいぐらいまでが、シーズンといえるだろう。この時期は毎週末ごと、場合によっては平日にもどこかで花火が打ち上げられている。しかし、花火を打ち上げるには、花火を運んでくればよいというものではない。打ち上げる花火を作らなければならないし、地元警察や消防署、地方自治体などへ所定の書類を出すなどさまざまな手順を踏まなければならない。では、花火の年間スケジュールを見てみよう。

花火大会は、だいたい開催される年の年頭あたりに開催が決定されることが多い。花火大会で使う花火は作り置きができず、その年に使う分が作られている。しかし、花火を作るのには非常に手間と時間がかかる。そのため前年の秋頃から今までの実績を踏まえて花火作りを開始する。花火を作るにはあまり雨が降らず、空気が乾燥している方が好ましいので秋から冬にかけてが花火を作るシーズンといえるだろう。

花火大会の規模や環境、予算などによって、どんな花火をどれぐらい使うのかが決まると、それによって作られる花火の数が決められる。

花火作りと平行して、花火大会の主催者とどんな花火をどれぐらい打ち上げるかなどの打ち合わせや、大会の行われる会場の現場見学、都道府県知事への許可申請などをこなしていく。

こうして、花火のシーズンに突入すると、花火大会のために事前準備を行い、毎週のようにあちらこちらで花火が打ち上げられ、シーズンも終わりが見えてくるとまた、次の年のための花火作りが始まるのである。（加唐）

1-18　花火の製造工程(1)　配合

花火の中でも花火大会などで見かける打ち上げ花火や仕掛け花火は、昔ながらの手作業で作られている場合が多い。慎重に行わなければならない工程が多い上に、大量に作られるものではないので、機械化する必要がないからだ。

花火作りの第一歩は、まず、どんな花火をどれぐらい作るかを決めることから始まる。作る花火の種類によって薬剤の配合が変わるからだ。種類や色、作る数量などが決まると、その必要に応じて花火の材料となる薬剤を配合する。

花火の色を決める色火剤、燃焼を促進するための酸化剤、可燃剤などを決められた分量通り計量し、混ぜ合わせる。薬剤はほとんどが粉末状でゴミなどを取り除くとともに、材料に塊ができないよう丁寧に篩いにかけて細かくする。塊があると均等に混ざらない。塊が事故の原因になることもあるのだ。材料には危険物等も使われることから、配合作業は製造過程の中でもっとも慎重に行われる。

事故を防ぐため、花火を作る作業場は、ひとつの作業ごとにひとつの独立した建物に分かれており、中に入ることができる人数や収納できる薬剤の量なども、きちんとした基準が決められている。

こうした、材料を計り、きちんと決められたとおりに配合することは花火を作る最初の工程であり、基本中の基本でもあるので、花火師になって最初に覚える作業でもある。

(加唐)

計量する

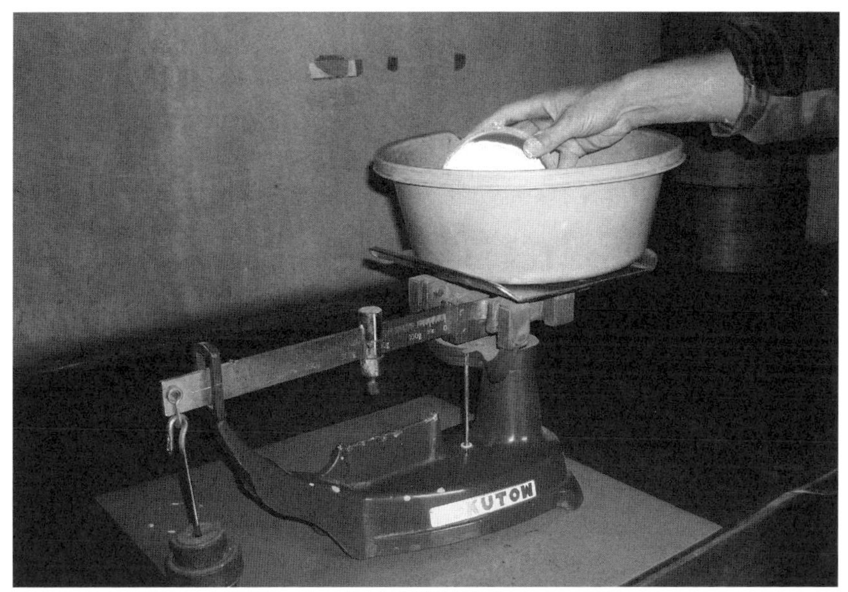

静かに材料を入れる

1-19　花火の製造工程(2)　割り薬と星掛け

打ち上げ花火の花火玉の中身は、大まかにいって割り薬と星の２つに分けることができる。割り薬は花火玉を空中で割り、さらに星を放射状に飛翔させるためのもの。強い力をもつので、製造には注意を要する。

割り薬の中心となる割り芯には、米や籾殻、綿の実などを利用することが多い。過塩素酸カリウムを主に配合した割り薬組成物をみじん粉などの接着剤の役割をするものを入れて水で泥状にする。これを割り芯に塗って乾燥させる。割り芯は、伝火特性の向上や、装填密度調整に用いられる。

星は、燃えて煙や火を発しつつ空中を飛び、火を美しく見せる部品となる。割り芯と同じように米や籾殻などを芯にして、配合した薬剤に水を加えて泥状にした「トロ」と呼ばれるものを掛けまわしていく。１回の作業では１mm程度しか太らせることができない。トロをかけて乾燥させ、またトロをつける。かつては、たらいの中で行っていたが、現在は「星掛け機」という専用の機械を使うことで、まんべんなくトロをかけることができるようになった。

大きな花火製造所では乾燥機を使って乾燥させることもあるが、昔ながらの天日で乾燥させるところも多い。乾燥機を使う場合には午前中に１回、午後に１回、トロをかけまわす作業を行うことができるが、天日干しの場合には１日１回しか行うことができず、しかも天気に左右される。大きな花火玉にはそれに見合う大きさの星を入れることになっており、２～３週間、場合によっては２～３か月かかる場合もある。

トロかけの時に配合の異なる薬剤に変えると、花火が燃える時の色や光の具合を変えることができる。この変化を効果的に作り出し、人々に感動を与えるような演出ができるかどうかは花火を作る花火師の腕の見せ所といえるだろう。

（加唐）

星掛け機

星にトロをかける

天日で星を乾燥させる

1-20　組み立て

時間をかけて作った割り薬と星を玉皮と呼ばれる半球形の玉皮に詰めていく。かつては、玉皮は古新聞などを利用して花火師自ら作っていたが、現在は専門の業者が作ったものを使うのが主流。クラフト紙製と、環境に配慮した水溶性のプラスチック製がある。

玉皮の内側に沿うように星を置いていく。この星は親星と呼ばれ、打ち上げ時に一番外側で光る部分となる。親星が置き終わったらその上にしきり紙とも間断紙とも呼ばれる和紙を置き、その上に割り薬を入れる。しきり紙は割り薬が打撃や摩擦で発火・爆発することを防ぐ意味があるという。さらにこの上にしきり紙を置いて、また、星を並べていく。星をきれいに並べなければならない上に、火薬を素手に近い状態で取り扱うので注意が必要な作業でもある。

大きな花火は何度もこの作業を繰り返さなければならない。最終的には玉詰めの作業が終わった半円形のものを２つ、中身が崩れないよう細心の注意を払って合わせる。玉の合わせからはみ出した紙を切って形を整え、テープで張り合わせて球形にする。玉皮を合わせることを玉合わせともいう。

根気のいる作業ではあるが、並べる星や割り薬の組み合わせを変えることで、さまざまな種類の打ち上げ花火を作り出すことができる大切な工程でもある。

（加唐）

玉皮

星を並べる

割り薬を入れる

1-21　玉張り

玉合わせを終えた玉皮の外側に、細長く切ったクラフト紙を張りつけていき、専用に作られたクラフト紙を玉がしまるように引っ張りながら張りつけていく。この時の力加減が花火を打ち上げた時にきれいに開くかどうかに関わるので、重要な作業となる。花火製作所によっては玉張り作業だけを専門に行う熟練の人がいる場合もある。

クラフト紙は湿らせてあり、３重程度張ると、乾燥させる。乾燥機がある場合は午前中と午後の２回作業を行うことができるが、昔ながらの天日の場合は、１日に１度となる。１度に張ることのできる枚数が限られているため、大きさにもよるが、張り終えるのに１～２週間程度かかることもある。全体に紙を張ったら２枚の板にはさみ転がす。隙間なく紙を張りつかせるためには必要な作業だ。ひと手間かけることで、花火を打ち上げた時に美しく球状に開くようになる。

予定していた大きさになるよう紙を張り終えたら、大型の玉では導火線のちょうど反対側に龍頭と呼ばれる輪を取りつける。花火は龍頭を持って打ち上げ筒に入れるのだ。

紙を張り終えた花火はどれも同じ外見のため、どれがどれだかわからなくならないように、花火の名前（玉名）を書き入れたら完成となる。　　　　（加唐）

クラフト紙を張る

張る枚数は大きさにより決っている

花火の名前を書き入れる

1-22　花火の打ち上げの原理

打ち上げ花火は打ち上げ筒で花火の玉を打ち上げ、上空で破裂させる。打ち上げ方法には、単発・連続・連発の３種類がある。

単発打ち上げ	単独の打ち上げ筒に揚薬と花火玉を入れ、速火線、電気によるほか、火種（落し火）を落とし、１発ずつ打ち上げる。
連続打ち上げ（振り込み式等）	複数の打ち上げ筒に揚薬と花火玉を入れておき、速火線、導火線、電気によるほか、筒上部から火種（銀滝の火花）を落とし、連続して打ち上げる。
連発打ち上げ（焼金式早打ち）	鉄製の打ち上げ筒に火種（灼熱状態に加熱した鉄製の焼金）を入れておき、あらかじめ揚薬を取り付けた花火玉を手で落とし連続して打ち上げる。

打ち上げの原理はとてもシンプルだ。黒色小粒薬を打ち上げ火薬として、それを点火すればよい。少し前までは、筒のそばに花火師がいて、火種を投げ込んだり、焼金を底に入れておいて花火玉を落としこんだりする「焼金式早打ち」

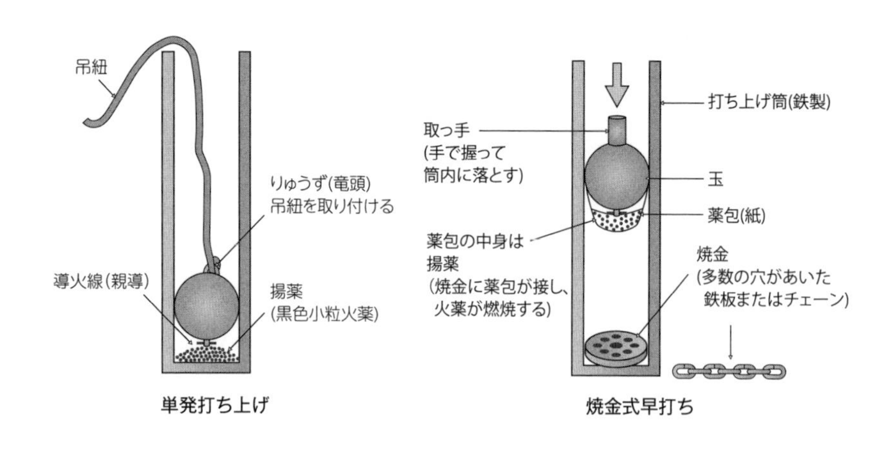

があった。しかし、筒内で花火玉が暴発する「筒バネ」による人身事故を防止する観点から現在ではほとんど行われていない。

打ち上げ薬に使われる黒色小粒火薬は「奇跡！」というべき性能をもっている。下図は黒色小粒火薬と猟銃等に使われているニトロセルロース（綿火薬）を使った発射薬の温度・圧力発生挙動の違いを示している。この図でわかるように黒色小粒火薬の圧力発生はとても速い。これに比べてニトロセルロースを使った発射薬はガス発生量が多く、温度も高いが、ガス発生速度が遅い。打ち上げ花火の筒は、玉の直径に対して２割程度の隙間がある。だから、黒色小粒火薬程度にガス発生速度が速くないと隙間からガスが抜けてしまい、玉が上がらない。また、TNTなどの爆薬を使ったのではガス発生速度が速すぎて、玉も筒も粉々に壊れてしまう。黒色小粒火薬が打ち上げ薬として適度なのだ。

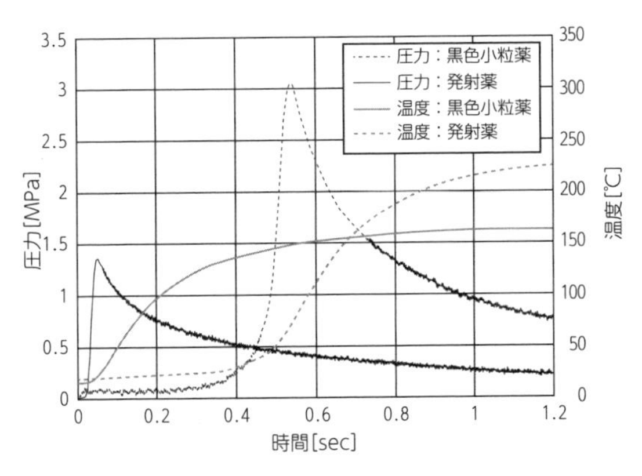

黒色小粒薬と発射薬の圧力・温度発生挙動の違い
（内容積100ml、試料量0.5g）

打ち上がる時の筒内の圧力は底の部分で0.7MPa（７気圧）程度、出口付近で0.3MPa（3気圧）程度である。筒の出口付近での玉の初速は100m/s（時速360km）程度だ。

世界で一番大きな打ち上げ花火は片貝まつりで上げられる正４尺玉だ。直径約120cm、重さ420kgの花火玉が800mの高さまで上げられる。これが最大と

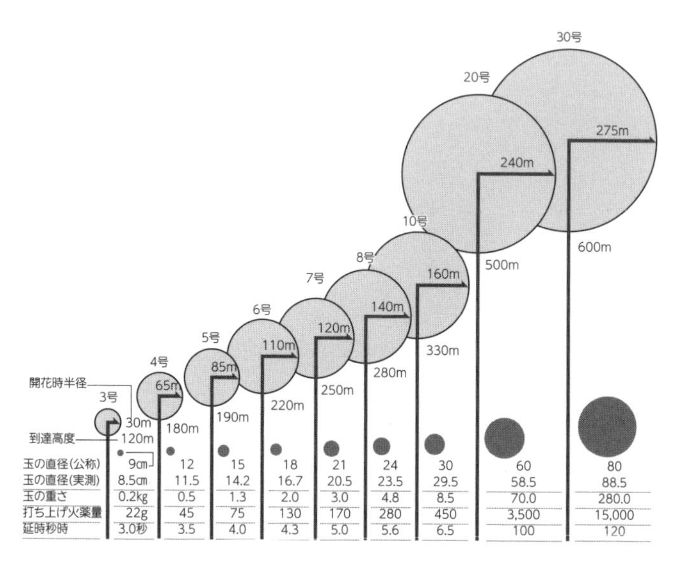

号数による到達高度と開花時の大きさ（半径）
（「日本の花火」HPより）

して、通常の花火玉はどのくらいの大きさなのだろうか？　隅田川花火大会や東京ディズニーランドといった狭い場所では３号玉や４号玉がメインに使われる。

花火大会では安全のため打ち上げ場所と観客との「保安距離」が都道府県ごとに決められている。茨城県の場合、３号割物は140m、尺玉（10号玉）は290mだ。保安距離が確保できなければ花火は上げられない。

スターマイン（速射連発方式）は花火玉を使用する仕掛け花火で、大小多数の花火玉を連続して打ち上げ、まと

スターマイン

スターマインのセット風景（上）とコンピューター制御の電気点火装置（下）

まった効果を現すものであり、花火玉以外の花火と組み合わせる場合もある。導火線または電気により遠隔で点火する場合が多く、リズム（間合い）を重視する演出が必要であり、最近はコンピューター制御の点火器を使用し、音楽とシンクロさせる方法もとられている。（松永）

1-23　花火師の仕事とは

花火師というと、花火を打ち上げる人をイメージする人が多いことだろう。たしかに花火大会などで、花火を打ち上げるのも花火師の仕事ではある。現在、花火を打ち上げるだけを仕事にしている花火師もいるが、本来は、花火の製造、スケジュール調整や地元警察や消防署などへの花火を打ち上げるための手続き、花火大会のための演出なども含めて花火師の仕事といえる。

花火大会を成功へと導くのは、大会の規模や大会が行われる会場の環境、予算などからそれに見合うよう花火の数や大きさ、種類、順番を決めることだ。花火師は花火大会を作り上げるプロデューサーなのだ。同じ種類の花火を打ち上げるにも、打ち上げる順番やタイミングによって印象が変わる。より効果的で印象的な演出を考え出すのも花火師の腕の見せ所だ。

よりよい花火大会にするために、色や花火の大きさ、音など、自分が考える演出にあったさまざまな工夫を凝らした花火を考案し、実際に作るのも花火師の仕事である。花火を職人芸の世界というと熟練の花火師が多いというイメージがあるが、実際は若い花火師も多く、こうした花火師たちは、自分が考えたプランを自分の手で実現できる花火師の仕事にやりがいを感じている。近年、若者の離職率が高いことが問題となっているが、花火師の世界ではあまり当てはまらないことだという。

また、花火を打ち上げるのには、「煙火消費保安手帳」を所持していなければならず、これを取得するための勉強もしなければいけない。一度取得したからといってそれで安全を確保できるわけではない。安全を確保するためにはつねに努力は続けていかなければならないのである。

花火製造を家業としている家に生まれたから花火師になったという人もいるが、知人を介して花火師を募集する場合や、最近ではハローワークで求人することもあるという。花火の配合から始めて、星掛けや組み立て、玉張りなどの花火製造の工程を覚え、実際の打ち上げや、花火大会のプランニングまで一人前の花火師になるには、さまざまなことを覚えなければならない。花火師の仕事の中で一番難しいのは、演出だといわれており、これは、何年修業を積んだからとか、どう修業を行えばいいというものではなく、その人が持っている感性がものをいう。早い人では、５年ほどで、演出までなんとなくこなせるようになるというが、なかには、どうしても一人前というレベルに達しない者もいる。

日本古来の花火は、花火が打ち上がる時の音や、花火が展開する時の音などが「花火の音」であった。

しかし、外国では状況が違い、大音響で音楽を流し、それに合わせて花火を打ち上げたり、点火したりする。日本でもこうした音楽に合わせた花火の演出も行われるようになった。こういう花火にはこうした曲という決まりはなく、これこそ、感性の問題となる。そのためポータブル音楽プレイヤーや、カーステレオで常に花火に合う音楽を探しているといい、実際にそうした努力をしている花火師は、すばらしい演出をするという。

花火師の仕事が忙しいのは、夏の花火のシーズンだ。しかし、オフ・シーズンともいえる冬場は、次のシーズンの花火大会の打ち合わせやプランニング、花火の製造などもあるので、それなりに忙しい。　（加唐）

1-24　花火大会を行うには

花火大会を行うにはどのような手続きが必要であろうか？　県ごとに消費基準が定められており、「煙火消費　手引き」などの用語でネット検索すれば各県のものを見ることができる。ここでは神奈川県の例を参考にして解説する。なお、正確を期すために表現を変えずに一部は省略するがそのまま記載する。

また、以下の手引きで「黒玉」という用語がでてくるが、これは打ち上げられた煙火玉が空中で破裂せずに地上に落下したものをいう。

読んで頂ければわかるが、花火大会を開催するには、とても大変な手続きと安全対策が必要である。

煙火消費許可申請の手引き　（神奈川県安全防災局工業保安課）

第１章　花火大会に必要な諸手続き

1　火薬類消費許可を受ける

(1) 火薬類消費許可申請書は、原則として主催者の代表者名で行う。

(2) 申請は、消費場所を所管する各地域県政総合センター又は工業保安課へ行う。申請に先立ち、多くの場合花火打揚げをする場所の所有者の土地使用承諾書をとり、申請書に添付する。

（例）河川敷の場合は、土木事務所、国土交通省の地方河川事務所

(3) 打揚げには、煙火消費保安手帳｛(社) 日本煙火協会発行｝を所持している経験者が当たらねばならない。申請書には打揚従事者名簿を添付する。

(4) 申請書は２部（海上の場合は３部）提出する。なお、１部は打揚場所の所轄の警察署に回付され、警察の意見照会が行われる。

(5) 申請書は、１か月前までに提出する。

(6) 申請手数料として、7,900円を要する。

(7) 現地調査、警察の同意を得て「煙火消費許可証」が交付される。なお、

申請内容に変更が生じた場合は、変更届が必要。煙火の種類、数量（増加）、目的、日時や危険予防の方法に変更があったときは新たに許可申請をしなおさなければならない。申請はよく留意して行う必要がある。

2　所轄の消防署に「煙火打揚届」を提出する

煙火消費許可申請書と同じ記載事項を添付して所轄の消防署に打揚届を2通提出し、内1通に受付印を押印してもらう。なお、一定数量以下の許可を要しない打揚げの場合も打揚届は提出する。
なお、消防署への届出だけで無許可で打揚げられる範囲は次のとおり。
①直径6cm以下の球状の煙火　　50個以下
②直径6cmを超え10cm以下の球状の煙火　　15個以下
③直径10cmを超え14cm以下の球状の煙火　　10個以下
④200個以下の焔管を使用した仕掛花火　　1台
⑤爆竹類（一定規格で一連30本以下に限る）　　300個以下
⑥その他

3　航空法の許可通報手続きを行う

飛行場の近くや、航空路に当るところで花火を打揚げるときは、色々な規制がある。地域により打揚げの禁止や高度規制がされ、空港長（管理事務所）の許可をうける場合と通報を要するときがある。

4　海上保安庁の許可、港湾局の許可、漁業組合の承諾、その他の手続きを行う

船の航行が激しい港や、海上でハシケ（台船）を使って打ち揚げるときは海上保安長・港湾局などの許可が必要。また、漁業組合の了解や保安距離内にある住宅等の承諾を求められることもある。

5　警察署の許可、連絡了解を取る

保安距離の中に道路があるような場合や観客席に道路を使用するときは、警察

署の許可が必要。

6　運搬許可を取る

多量（火薬量600kg以上）の煙火を運搬するときは公安委員会（警察署）の運搬許可が必要になる。通常は打揚業者が行う。

7　打揚災害賠償責任保険に加入する

社団法人日本煙火協会では、花火打揚げ時に第三者損害が発生した場合に賠償に応ずる保険に加入している。併せて主催者においても同様の保険に加入しておくことが望ましい。

8　警告、広報を行う

花火の残さいによる損害の補償はいくつかの免責特約があり、全額補償はされない。また、自動車の屋根などの汚れは打揚当夜に早く拭きとれば跡にならない。トラブルを起さぬ配慮として、必要に応じ警告、広報をする。

9　関係町内会（自治会）等への事前通報を行う

第２章　消費許可申請書について

1　申請書の提出先

申請書の提出先は、別表の提出先区分により消費地が横浜・川崎市内の場合は知事、その他の場合はそれぞれ当該地を管轄する地域県政総合センター所長に提出する。

2　煙火消費許可申請に必要な書類

(1) 火薬類消費許可申請書〔様式第29（規則第48条関係)〕

(2) 煙火消費保安手帳の写し、若しくは従事者名簿

従事者全員の写し、若しくは名簿とし、総括責任者、現場責任者、黒玉

処理者を明示すること。名簿には、氏名、住所、年齢及び手帳番号を記入するとともに、全体の人数を明記する。

(3) 火薬類（煙火）消費計画書〔第3号様式(施行細則第5条関係)〕

この消費計画書には、次の資料を添付する。なお、保安距離を短縮する必要がある場合は、その旨を消費計画書に記載する。

ア　保安管理組織図（別添1）

イ　緊急連絡体制図（別添2）

ウ　地震時における煙火消費場所に関する緊急措置作業標準（別添3）

エ　消費場所への案内図

オ　消費場所付近の見取図

縮尺率、方位を記載し、消費場所を中心とするおおむね半径400mの範囲の保安物件に対する距離を記入する。

カ　打揚場所の配置図

縮尺率、方位を記載し、打揚筒、仕掛煙火、煙火置場、火気の取扱い場所、点火位置及び退避場所等の配置状況並びにその間の距離を記入する。

キ　煙火置場の構造、材質

煙火置場の構造、材質を記載する。寸法についても可能な範囲で記載する。打揚筒等の設置場所と20m以上の距離がとれない場合には防護措置についても記載する。

ク　打揚従事者及び手元に置く煙火の防護措置

人が直接火種で点火する場合等手元に煙火を置く場合に必要。

ケ　保安距離を短縮する必要がある場合の方法等

保安距離を短縮する必要がある場合は、その方法等具体的方法を記載する。

コ　打揚筒等の設置固定方法等

煙火の設置固定方法、特別な取扱を要するものについてはその方法を記載する。斜め打ち、空中に設置固定するもの、ロケット等空中を推進するものについては必ず記載する。

サ　保安距離を協議する必要がある場合

保安距離の協議を要する場合には、煙火の仕様、取扱方法及び消費現象に関する資料を添付する。

シ　実施、中止の判断基準、方法、時期、連絡方法

(4) 警備計画

警備計画には、次のものを記載する。

ア　主催者の警備組織（警備組織図、警備責任者、警備員総人数）

イ　主催者の警備計画

打揚場所の配置図を中心に保安距離内に観衆その他の人が立ち入らないよう定めた立入禁止区域の明示、立入禁止境界線の設置方法、警備員の配置計画（位置、人数、時刻、役割）を記載したもの。なお、交通規制等を行う場合には警備計画に含めて記載する。

ウ　警備計画には、花火打揚げの準備段階から消費までの時刻を追った警戒区域を設定する。前日、煙火搬入時、搬入後、準備作業中、消費開始前、解除条件など。

山の場合　　　：例）車道、登山道の閉鎖

河川の場合　　：例）釣り人、ウインドサーファー、水上バイクの退去

海、湖の場合：例）同上、サーファー、釣り船、遊覧船の退去

煙火が搬入されてから消費までの間の保安距離の確保についても考慮する。

警備解除は、煙火業者が安全確認を終了するまで解除しない。安全確認がなされるまで、保安距離内に観客等が侵入しないよう警備を継続すること。

(5) 同意書等

建築物等の所有者等に対し、煙火消費上の保安物件とみなさないことについて書面で同意を得ている場合、又は消費場所の使用許可等を取得した場合には、これを添付する。

3　許可を受けた内容に変更があった場合

火薬類消費許可申請書記載事項変更届［県様式第19号］を、知事又は地域県政総合センター所長に提出する。

なお、火薬類の種類及び数量、目的、日時（期間）並びに危険予防の方法に変更があった場合、改めて消費許可を取り直す必要があります。

4　火薬類（煙火）消費許可申請書の記入方法

(1) 代 表 者：行事の最高責任者

(2) 名　　称：申請者の名称。任意団体（実行委員会等）の場合は、責任関係の分かる資料を添付する。（注1参照）

(3) 事 務 所：申請者の事務所

(4) 職　　業：申請者の業種。実行委員会の場合は、代表者の職業。

(5) 住　　所：原則として、代表者の住民票に記載されている住所。

(6) 種類数量：煙火の種類ごとの数量。

(7) 目　　的：申請者が考えている正式名称を含め、目的を明瞭に記入する。書き切れない場合は、別紙に詳細を記入する。

(8) 場　　所：煙火を消費する場所。（配置図を添付する。）

(9) 日　　時：複数日にまたがり、それぞれの時間帯が異なる場合、年月日と最大の時間帯を申請書に記入し、詳細は別紙に明記する。具体の消費予定時刻については（　）内に記載する。さらに、順延の有無も記入する。順延がある場合は年月日及び時間帯を明記する。

(10) 危険予防の方法：具体的に記入する。例えば「危険区域を設定します。」「消火設備を設置します。」等だけではなく、どこに設定・設置するのか場所や方法を具体的に記入する必要がある。

（別　紙）

(11) 小型煙火：規模（筒の内径、長さ）、数量を明記する。

(12) 枠　　物：保安距離の関係で枠の大きさ（横幅、高さ）を明記する。

(13) 滝　　　：保安距離等の関係で滝の大きさ（長さ、高さ）を明記する。

（注1）

「実行委員会」といっても、組織の位置づけや構成は種々のものがある。

事例１　：連合自治会の内部組織として実行委員会をつくっている。
事例２　：昨年と同じ名称を使っていても、全く別の構成員が実行委員会をつくっている。また、事務局が名目上と実際で異なる。
事例３　：昼間を含むイベント全体の実行委員会と夜間実施する花火大会の実行委員会が別組織になっている。昼間のイベントを行っている最中に近くで煙火消費の準備を行う。

第３章 「煙火消費における保安距離の基準（神奈川県）」の運用について

1　保安物件の総合的対策について

(1) 同　　意

建築物等の所有者等に対し、煙火消費についての危険性、保安対策の方法及び損害が生じた場合の補償内容等について十分説明し、煙火消費上の保安物件とみなさないことについて書面で同意を得ること。

(2) 災害対策

耐火性建築物以外の建築物等を防炎シートで覆うなど安全な措置を講ずること。

(3) 消火体制

保安物件とみなさない建築物等の周辺には、初期消火のための体制を確保すること。

2　打揚方法の制限について

煙火玉には、取手、なわ又はひも等を付けることとし、次のいずれかによること。（筆者注：この規定は神奈川県特有である）

(1) 荒なわ

太さ及び長さは、煙火玉に方向性を与えるものとし、長さについてはおおむね、直径の５倍の長さとする。

(2) ひ　も

太さ及び長さは、煙火玉に方向性を与えるものとする。（事例参照）

取手及び紐の例

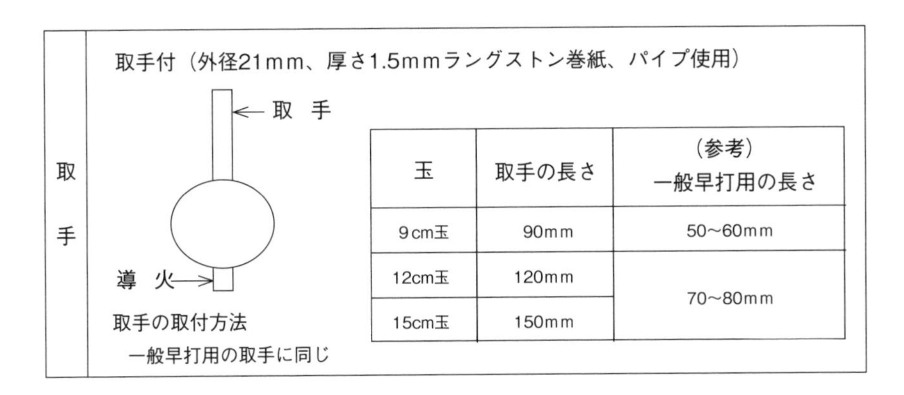

玉	取手の長さ	（参考）一般早打用の長さ
9cm玉	90mm	50～60mm
12cm玉	120mm	70～80mm
15cm玉	150mm	

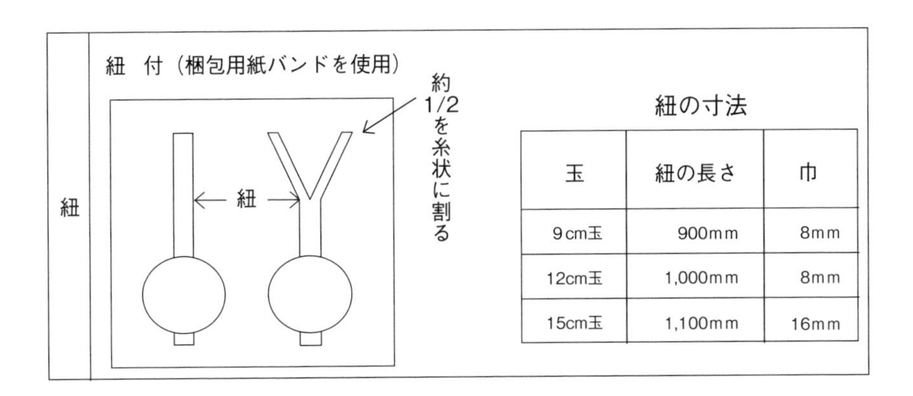

玉	紐の長さ	巾
9cm玉	900mm	8mm
12cm玉	1,000mm	8mm
15cm玉	1,100mm	16mm

(3) 取　手

太さ及び長さは、煙火玉に方向性を与えるものとする。(事例参照)

3　着火線等について

親みちへの着火を確実にするため、薬紙や着火線を取り付ける等の措置をすること。

第4章　安全対策について

主催者及び打揚げ業者は、法令及び「煙火の安全な取扱い」(全国火薬類保安協会教本)に定めるもののほか、次のことを遵守し煙火消費の安全を図る。

1　危険区域(立入禁止)の設定について

消費に際しては、保安距離を確実に確保するため、関係者以外の立ち入りを禁止する危険区域(保安距離を含む区域)を打揚場所の状況に応じて具体的に設定すること。また、準備作業中においても、煙火が地上開発した場合の危険等を防止するために必要な危険区域を設定すること。

2　黒玉防止対策の実施について

黒玉の発生を防止するため、親みちの着火を確実にする対策及び不点火の危険性が高い雨の日の対策を事前に実施すること。

(1) 親みちの処理

ア　親みちに火薬を塗る、又は薬紙若しくは着火線を付ける等の不点火防止対策を実施する。

イ　煙火玉を早打ち方式で消費する場合は、7号以上の煙火玉にはあらかじめ早打ち用の火薬を取り付けるための紙袋になる紙を張り付けておくなど、薬こぼれしにくい取付け方法ができるものを使用する。なお、販売業者が消費する場合には、煙火玉の発注時にそのことを指定する。

ウ　早打ち用の煙火玉の打揚火薬は、原則として打揚火薬と煙火玉の親みちが接触するように取付ける。

(2) 雨の日対策

雨天における煙火の打揚準備は、次の方法で行うこと。

ア　親みちの処理は全て煙火製造所で事前に行う。

イ　補助作業員を通常時より増やす。

ウ　準備作業は、湿気・雨滴等の影響を受けないよう、テント等の中で行う。

エ　準備が終了した打揚筒は、ポリシート等でカバーをする。

オ　消費する直前の検査は厳重に行う。

3　保安管理体制の整備について

主催者及び煙火業者は、次の保安管理体制を整え、消費会場の安全確保を図ること。

(1) 主催者側の組織（役割）

- 煙火最高保安責任者の選任（安全確保の統括管理）
- 煙火保安責任者の選任（消費会場における主催者側の責任者）
- 煙火連絡責任者の選任（主催者側の保安担当者）

(2) 煙火業者側の組織（役割）

- 煙火消費総責任者の選任（煙火業者側の最高責任者で統括管理）
- 現場責任者の選任（消費場所における保安責任者）
- 班業務責任者の選任（現場責任者の指示のもと従事者を指揮）

4　チェックリストによる点検について

現場責任者は、打揚煙火等の点検及び従事者の安全対策等の実施状況について、各班業務責任者に煙火消費実施状況チェックリスト（別添4）により点検を行わせ、その実施状況を確認すると同時に、その結果を主催者に報告すること。さらに、行政機関による立入調査時には、これを提示して説明する。

(1) 消費場所の煙火置場等の設置状況の点検

(2) 煙火置場の設置状況の点検

(3) 打揚煙火、仕掛煙火、打揚火薬等の点検
- 煙火玉の表面及び導火の切口の吸湿の有無
- 煙火玉の表面の状況及び変形の有無
- 導火線の取付状況及び損傷の有無
- 早打用の煙火玉への薬包の取付け状況及び火薬量（打揚げ直前にも点検を実施）
- わく物等の固定状況
- 小型花火の緊縛、固定状況
- 打揚火薬の吸湿の有無

(4) 打揚筒の点検
- 筒の亀裂、穴、凹凸、変形の有無
- 紙筒については上記のほか、吸湿及び内面の剥離の有無
- 筒の設置状況

(5) 従事者の安全対策等
- 従事者の安全対策
- 打揚筒の設置場所に携行された煙火（以下、「手元に置く煙火」という）の防護措置

(6) 火災予防対策・盗難防止対策

(7) 不発・黒玉の発生状況、未消費の煙火・火薬等の状況

5　気象状況の監視について

主催者及び煙火業者は、消費会場に風向・風速計を設置し、開始前及び消費中の気象状況を監視すること。

6　打揚筒の管理マニュアルの作成について

打揚筒の所有者には、保管、点検及び記録についての管理マニュアルを作成し、管理責任者を定めて管理させることとし、煙火消費の際は、このマニュアルにより適切に管理された筒を使用すること。

7　映画の撮影等で地中に埋没させる煙火の消費方法について

(1) 煙火の覆土には、石塊類を含まないものを使用すること。

(2) 点火の位置は、埋没地点が監視できる場所とし、危険のないことを確認した後でなければ点火しないこと。

(3) 消費に際しては、立入を禁止する危険区域を明示し、関係者以外は立入らないような措置を講ずること。

8　不発煙火の回収について

黒玉が発生した場合は、その処理又は安全が確認されるまでは、次の打揚げは行わないこと。

なお、消費終了後、消費会場を見回り、不発煙火（黒玉を含む）の回収を行うと共に、翌日の朝も同様に実施すること。

第5章　大会当日に行うこと

1　必要な施設の設営をする

本部、警備本部、救護所。照明・放送設備、ゴミ回収箱、便所などの施設。立ち入り禁止線（危険区域）の縄張り。

2　天候上の原因による危険があるときは、打揚を中断する

強風（警報発令時又は秒速10m以上）、火災警報発令時、大雨或いは打揚げ場所が船上の場合は波浪がはげしく保安上支障がある場合は、煙火の打揚げを中止しなければならない。

3　花火を中止又は延期する時は広報する

当日雨天等で花火大会を中止又は順延するときは、決定次第すみやかに広報する。判断する時刻や広報の方法等を予め決めておくとよい。

4　花火打揚現場との連絡手段を確保する

プログラムの進行を円滑にするため、花火打揚現場と主催者側の進行係とはトランシーバー、携帯電話等で緊密に連絡する必要がある。

5　車等を危険区域外に移動する

保安距離内に駐車している車等がある場合には、保安距離外に移動してもらう。突然移動させようとするとトラブルを起こしやすいので、事前にその場所が花火大会中は危険区域内になることを十分周知しておく。

6　危険区域の見張りをする

立ち入りを禁止する危険区域には、主催者側の連絡係などの要員もなるべく立入らないようにする。往々、アベック等が立入る例がある。警備員の配置、放送等による警告、その他安全を確認した後で花火打揚げを実施する。

7　救護班を設置する

花火の燃えかすが観客の目に入ることがあるので、洗眼の用意等をし、救護要員を配置するとよい。

8　打揚従事者を確認する

当初予定していた打揚従事者（一種手帳、二種手帳、臨時手帳）であることを確認する。

（一種、二種、臨時手帳所持者の変更は、申請時に添付した名簿内での入替えに限って認められている。）

申請時に添付した名簿内に記載のない補助作業者については、当日の補助作業者を記載した書面を提出する。

＊補助作業者とは、直接点火作業以外の作業に従事し、手帳所持者の作業を補助する者をいう。

9　消費中は風の状況を監視する

風向風速計によって消費中の風の状況を監視する。

10　花火終了後の安全確保を図る

花火大会の観衆はバラバラに集まり、一斉に帰るので、観客の誘導、足元の安全確保（照明、特設階段、手すりの設置など）に留意して混乱のないようにする。

また、会場の清掃、打揚現場の清掃（残火薬の有無の点検）、黒玉の回収等の分担、方法等を予め決めておく。

11　打揚を中断する場合の準備をしておく

災害の発生の防止又は公共の安全の維持のため緊急の必要があると認められるとき、県の取締担当職員から消費者その他火薬類を取り扱う者に対して、煙火消費を一時禁止し、又は制限の指示がされることがあるので、直ちに対応が取れるよう、予め連絡の体制を整えておく。

12　許可証の返納

主催者は、煙火の消費終了後（中止、順延を含む）、速やかに許可証を返納する。

このとき煙火消費報告（別添５）を併せて提出する。

煙火消費報告の作成に当たっては、煙火業者の現場責任者から煙火消費実施状況チェックリスト（別添４）について報告を受ける等緊密な連携を図る。

（松永）

※「様式第29（規則第48条関係）」「第３号様式（施行細則第５条関係）」、「（別添１）」、「（別添２）」、「（別添３）」、「県様式第19号」、「（別添４）」、「（別添５）」は省略した。また、表記の不統一はそのままにしている。

1-25　打ち上げ花火の打ち上げ

花火を打ち上げるのには、さまざまなルールがある。基本的には花火玉の大きさにより、打ち上げるための筒（打ち上げ筒）の大きさや、花火玉を開かせる高さ、広がった時の大きさなどが決められており、それにしたがって行われる。

玉の大きさ		総重量約（kg）		含有火薬量約（kg）		開かせる高さ（m）	玉が開いた時の直径（m）	打ち上げ火薬量（kg）	打ち上げ筒の内径（cm）
号数	玉の外径約(cm)	割物	ポカ物	割物	ポカ物				
2.5号玉	6.9	0.012	0.08	0.04	0.0025	80	50	0.02	7.6
3号玉	8.6	0.230	0.150	0.120	0.07	120	100	0.025	9.1
4号玉	11.5	0.550	0.260	0.35	0.13	150	120	0.050	12.1
5号玉	14.4	1.100	0.50	0.63	0.24	200	150	0.085	15.2
6号玉	17.3	1.80	0.90	1.10	0.45	220	180	0.12	18.2
7号玉	20.0	2.7	1.50	1.50	0.75	250	200	0.18	21.2
8号玉	23.0	4.0	2.40	2.60	1.20	280	250	0.230	24.2
10号玉	28.5	8.0		4.4		300	280	0.500	30.3
20号玉	58.5	60		35.0		450	450	4.0	60.6
30号玉	86.0	220		80以下		600	600	15.0	90.9
40号玉	114.0	420		80以下		750	750	30.0	121.0

全国火薬類保安協会編『煙火の安全な取扱い』より作成

花火を扱うには、打ち上げ現場から燃えやすいものを取り除き、水の入ったバケツや消火器、消火用の竹ほうきなどを用意する。

また、花火を打ち上げる場所は、通路や人の集合する場所、建物から20 m以上離し、20 m以上上空で星などが燃え尽きるように設計しなければならない。

かつては、花火の打ち上げには、１つの打ち上げ筒で次々と花火玉を入れて打ち上げる焼金などが使われていたが、現在はより安全に花火を上げるために、電気点火が行われるようになった。

これは、電気点火器から、点火母線を通して点火玉や電気導火線によって打揚薬に点火するもので、打ち上げ筒から離れたところで電気点火器にスイッチを入れて点火する。これによって安全に、かつ計画した順番どおりに花火を打ち上げることが可能になった。

この電気点火器は、もともとはトンネル工事などで行われる発破作業で使われていたものであるが、それが花火にも導入された。　（加唐）

1-26　花火大会の当日

花火大会当日の花火師の仕事は、花火大会の場所や規模などによって異なるが、2015年（平成27）11月1日に茨城県茨城町で行われた花火大会を例に挙げて説明する。

この日の花火大会の花火を担当するのは、茨城県にある野村花火工業株式会社。この日の打ち上げる予定の花火は1000発程度で、花火のシーズンが終わった11月に開かれる大会としては多い方だ。

朝早く、野村花火の工場から花火を満載したトラックで花火大会の会場となる茨城町役場近くの収穫の終わった田んぼへと出発し、約1時間ほどで、会場に到着。18時から花火の打ち上げを開始するのには5人で取りかかっても午前9時には作業を始めないと間に合わない。

花火を打ち上げるのにあたっては安全を確保するために、さまざまな規則が存在する。詳細は都道府県によって異なるので一概にはいえないが、客席と花火を打ち上げる場所はある一定以上の距離がなければならない。川や湖といった水辺に近いところで行われることもあるが、場所によっては収穫の終わった田んぼで花火を打ち上げることもある。

この花火大会のために約2か月ほど前から花火を作りはじめ、連発式のスターマインは、花火大会の3日ほど前から工場である程度準備作業を終えてから細心の注意を払い予定する設置場所においていく。打ち上げ花火は打ち上げ予定場所に打ち上げ筒を置き、決まった量の火薬を小分けして小さな袋に入れたものを筒の中に入れ、その上に花火玉を慎重に置く。設置が終わると、他の火花が筒に入らないよう紙製の蓋をし、配線を終えれば準備が完了する。

打ち上げはかつてのように花火師が花火の近くにいて、火種を筒の中に落とすのではなく、遠くから遠隔操作で行うようになった。花火がすべて無事打ち上がったら花火師の仕事は終わりというわけではない。打ち上げ筒の回収や掃除などが22時ぐらいまでかかり、花火大会当日の長い1日が終わる。（加唐）

打ち上げ筒を並べる

花火玉を入れる

準備が終ったら紙の蓋をする

1-27　諸外国での打ち上げの例

日本の花火が海外で初めて打ち上げられたのは、実際に花火玉が輸出された明治期のアメリカと思われる。

当時の輸出花火玉は、日本の職人が現地で最終的に製品として完成させた形跡があり、その完成品を披露するための打ち上げが主で、いわゆる輸出のためのデモンストレーションといえる。

現代のように、花火玉と打ち上げ器材を一緒に海上輸送し、花火スタッフが現地へ出張して日本の花火パフォーマンスを行うようになったのは戦後である。

このような諸外国での花火打ち上げは、初期においては輸出振興のための宣伝効果を狙ったものであったが、現代の場合は主に文化交流や国際親善などを目的としている。

文化交流を目的とした花火の一例として、1983年（昭和58）の西ドイツ（東西統一前）のデュセルドルフの場合を挙げてみよう。

この打ち上げは、デュセルドルフで行われた「日本週間」の一環として秋田県で毎年開催されている、全国花火競技大会の「大曲の花火」を海外で披露する目的で行われた。

「大曲の花火」の海外での打ち上げは、1979年（昭和54）西ドイツのボンで「日独親善花火」としてすでに披露されている。

打ち上げの参加者は、地元大曲の花火業者をはじめ、「大曲の花火」に出品している業者の内、長年の参加実績等を考慮して選抜チームをつくり、各社の担当区分や出品玉の構成を決めた。

製作する花火玉の納入については、国内の打ち上げと異なり、輸出梱包を含む合理的な方法をとることが要求されているため、ある程度統一された仕様となった。

具体的にいえば、たとえばスターマインの４号玉筒１本の中に仕込む花火玉は、ポカ物であれば２発重ねてもよいが、割物の場合はサイズの小さい玉を重ねるなどである。

各社の準備した花火玉は、輸出梱包を担当する花火業者に集荷され、花火輸出用カートンに梱包したのち、輸出のための諸手続きを行い専用コンテナに収納され海上輸送で現地へ送られる。

打ち上げ器材については、基本的には日本から送ることとなるが、たとえば５号玉筒など国際的な寸法の花火玉（５号玉は６インチ玉）の打ち上げ筒については、現地の花火会社所有のものを使用させてもらった。

当時のドイツ花火会社の５号打ち上げ筒は、紙製で肉厚が厚く先端部が傷んでいるものもあったが、こちらがドイツの花火師に指摘したところ、躊躇せずノコギリで傷んだ部分を切り落としたことが印象的であった。

花火を打ち上げる現場は、ライン川の広い河川敷で、準備から打ち上げまで大きな問題もなく行うことができ、現地での評判もよかった。

この「大曲の花火」のヨーロッパでの打ち上げは、その後1987年（昭和62）に「西ベルリン市政750周年記念」およびデュセルドルフでの再度の打ち上げや、1996年（平成８）には、ハンガリーのブダペストで「ハンガリー建国1100年祭」でも打ち上げられた。

デュセルドルフの打ち上げ現場

ベルリンの打ち上げ現場

一方アジア諸国での例としては、タイ王国のバンコクなどがある。

バンコクでの花火打ち上げの目的は、日本の有名時計メーカーの社長が、アジア大会に関連した功績により、タイ王国から勲章を頂戴した御礼として1984年（昭和59）12月に国王（プミポン国王）の誕生日に、花火を献上し、ご覧いただいたのを皮切りに、1987年（昭和62）「国王還暦祝い」、1992年（平成４）「王妃還暦祝い」、1996年（平成８）「国王即位50周年」、2006年（平成18）「国王即位60周年」、2007年（平成19）「国王80歳誕生祝い」の６回（23年間）にわたり開催され、日本各地の花火師で結成された「日本煙火芸術協会」の花火が打ち上げられた。

打ち上げ場所は、いずれも宮殿に隣接する競馬場内で、当初の花火は足場に取り付ける仕掛け花火（寺院や象の絵柄等）もあり、花火を輸出する際の梱包上の問題もあり、先発隊が前もって現地入りし、本隊が着く前に製作しなければならなかったが、その後は仕掛け花火を行う場合は現地の花火会社に依頼するようになった。

打ち上げ器材については、ほとんど日本から送ったが、打ち上げ筒の設営の手伝いなどで、現地の花火会社スタッフの協力が欠かせなかったため、打ち上げ筒を借用することも多かった。

また、タイ王国での花火打ち上げで重要な存在となるのは陸軍である。

もともと国王誕生日の花火は、主に陸軍直属の陸軍工廠が製作し王宮前広場で毎年打ち上げていた。

その関係で、花火の受け入れ手続きなど、陸軍の協力が不可欠であった。

初回は陸軍とも一緒に打ち上げる機会があり、その際に陸軍工廠で製作した花火を見学することができた。

その際感じたことは、とくに「煙龍」など陸軍の火工品技術を応用した多彩

タイ王国陸軍工廠の花火師達

バンコク競馬場の打ち上げ現場

な内容や、夜の仕掛け花火では、鉄製の細い鋼の先にランス（炎管）を取り付け、いっせいに枝葉がひらひらと光りながら動く面白い仕掛けが印象に残っている。

日本の打ち上げ内容については、最大10号玉までの芯入菊花型花火を主体とした芸術性豊かな花火や、スポンサーが時計メーカーの関係から「花時計」や「時計草」などの時計に関係する花火も打ち上げ、エンディングにはタイ王国の国旗色（赤・青・白）をあしらったスターマインに続き10号玉の「八重芯錦冠菊」で締めくくる演出にした。

「八重芯錦冠菊」の玉名については、現地で「王様の金の王冠」をイメージしたお祝いの花火であると事前説明したことが効を奏し、大いなる評判を受ける結果となった。

また、花火の模様は国営テレビで全国放送され、会場周辺では数十万人の観衆であふれ、交通渋滞が深夜まで続き想像を絶する混雑であった。

日本の企業がスポンサーとなり海外へ出向くケースについては、フィリピンのマニラなどでも行われている。

この花火は、日本の自動車メーカーがフィリピンで新型トラックを販売するキャンペーンとしてマニラ湾で打ち上げたもので、自動車メーカーのロゴマークの型物花火が目玉であった。

また、姉妹都市や地域交流のイベントや、国際コンペティション（競技会）へ参加する場合も多く、国際交流のある地方都市や海外打ち上げ実績のある花火業者などが海外での打ち上げを行っている。このように、日本の花火の海外での打ち上げにはさまざまなパターンがあるが、いずれの場合も日本ならではの技巧、花火の背景にある文化的なメッセージを発信することが重要と思われる。

（河野）

1-28　花火の安全を確保するために

花火に火薬を使っていることはご存じのとおりであり、火薬は危険物に分類される。危険物には酸やアルカリ、放射性物質などがあるが、その中でも大きなエネルギーをもっとも急速に放出できるのが火薬である。

火薬は一般的には鉱山やトンネルなどで使用される発破、固体ロケットなどに使われるが、この場合、人を遠ざけて使用する。一方、花火は、観客をできるだけ近づけて楽しんでもらう。これは花火と安全を考える上で重要なポイントである。

もうひとつ、大衆文化の側面がある。歴史については他の項で述べる。誤解を恐れず一言でいえば、兵器やロケットは官が作ったが、花火は大衆が作った。

江戸時代は黒色火薬しかなかったから、大きな事故は殆んどなかった。唯一の有名な事故としては、1843年（天保14）、12代将軍徳川家慶が日光参詣する前日、玉屋が江戸で火事を起こし所払いとなった例がある。もっとも花火による火災は頻発し、お触書が幾度となく発せられた。

明治の文明開化で、塩素酸カリウムという薬品が手に入るようになると、今の花火に近いカラフルな色彩や明るい輝きを手に入れた。同時に製造中や打ち上げ中、さらには貯蔵や輸送中にも爆発事故が頻発するようになる。この薬品については、導入当初からその危険性が指摘されていたが、これがほぼ克服され事故がなくなったのは、21世紀になってからである。すなわち、つい最近のことである。

花火の製造、打ち上げ花火やおもちゃ花火の消費などに分けて花火の安全を確保する取り組みを見てみる。取り組みについては、法規制と業界の自主規制の二方向の取り組みがある。ここでは区別せずにいっしょに述べる。

1）花火の製造についての安全確保

花火は火薬を使用しており、その製造から消費までの全過程において火薬類取締法（以下「火取法」）という法律で規制される。

最近の約100年間における花火製造中の事故件数と事故による死者数を下図に示す。この間の事故件数は原料の変更などの理由により約10分の1となり、また死者数は毎年数十人であったものが、「火取法」の1960年（昭和35）の大改正を契機に約10分の1以下まで減少したことが明らかとなった。その努力は長年にわたり、多数の労を惜しまない研究と協力により成し遂げられた。

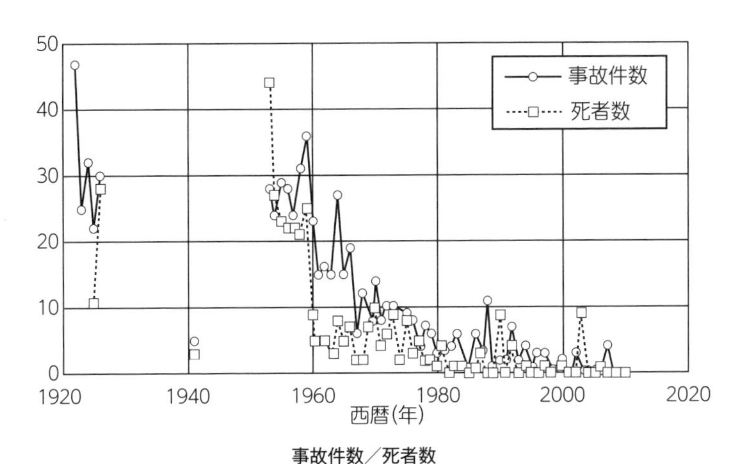

事故件数／死者数

「火薬類取締法の解説」によれば、大改正の契機となったのは、1960年（昭和35）頃に続発した神奈川県火薬工場の爆発や火薬輸送中の爆発など第三者被害の大きな事故であった。大改正の前年に長野県下伊那郡で発生した花火製造所の悲惨な事故もあった。この事故では、死者7名負傷者266名の人的被害が発生した。製造所は全壊したのみならず隣接した小学校の校庭にいた小学生を巻添えにした。

「火取法」全般にわたって規制が強化された大改正では、事業者側の自主保安体制の強化も図られた。

花火製造所においても危険工室等に関する技術上の基準強化や防爆壁の基準を設けるなどの規制が強化されることとなった。花火業界には移転や防火塀や防爆壁などの防護施設設置が大きな負担増となり、廃業するものが続出した。また、おもちゃ花火の製造についても新たに規制が設けられるようになった。

この大改正の影響を受けて花火業界では、自主保安を推進するため花火業者が集まって社団法人日本煙火協会を結成した。

設立総会は1962年（昭和37）1月24日に製造業者282名、販売業者17名合計299名が集まって東京で開催された。初代会長に池谷幸文が選ばれ、専務理事に武藤輝彦、事務局長に松尾義雄が任命された。その後の歴代会長は、細谷政夫（1963～66）、栃尾種吉（～1970）、小勝利夫（～1983）、青木多門（～1990）、田村敏雄（～1992）、石原一良（～2002）、本田正憲（～2010）であり、現在は小勝一弘である。

当該協会は日本で唯一の花火の保安に関する公益法人であり、経済産業省によってオーソライズされており、東京に事務局がある。

全国の約152の製造業者、178の販売業者が会員である。会員の分野別の構成を以下に示す。

区　分		会員数	計
製　造	打揚製造	124	152
	がん具製造	22	
	火工品製造	6	
販　売	打揚販売	151	178
	がん具販売	24	
	火工品販売	3	
合計			330

会員構成数（2014年12月）

現在も花火の製造全般について厳しく火取法に規定されており、施設・設備や製造方法、製造保安責任者資格や保安教育計画の策定など多方面にわたり厳しく規制されている。

製造中の事故を減らすために、東京大学、横浜国立大学や九州工業大学などの大学、産業技術総合研究所や労働安全研究所などの研究機関における研究や中央官庁や地方官庁の主催による各種実験が長年にわたって続けられた。

また近年発生した花火の製造事故を教訓として、花火の製造と消費安全の研究や法律的な整備が行われた。大きな事故につながりやすい雷薬や滝薬の製造では安全化の成果がとくにあがったように思える。そして、既存の花火組成物については、ほぼすべて感度や威力のデータが整備され提供される状況となった。得られた危険性評価手法により新規組成物についても事前評価が行えるようになってきた。

2）花火の打ち上げについての安全確保

花火の打ち上げに際しては、花火大会の主催者に花火の消費を安全に実施するため自主保安や各種の義務が課せられている。

数万人、数十万人を上る人が集まるイベントを安全に行うには実に多くの作業が必要である。花火のプログラムを決めたりスポンサーを集めたりするだけではなく、「火取法」に定める各種手続きを行うなどの法的な作業、救護所やトイレの設置などの設備、警察や消防との連絡体制や警備員の手配など多くの業務が求められる。

主催者から花火の打ち上げを依頼される打ち上げ業者は、専門家として主催者と綿密に連携するだけではなく、大勢の人が注視する中で花火を安全に打ち上げることが求められる。そのためには、業者には花火や法律についての豊富な知識と経験が求められ、必要な技能を有した適切な人員配置、資材、機材の調達や輸送、打ち上げ場所の整備、天候に対応した準備など、限られた時間の中で適切に実施しなければならない。

日本煙火協会では、煙火消費従事者の技能を証明するため、煙火消費保安手帳（以下「手帳」）を交付している。「手帳」所持者には、毎年保安講習を受ける義務を課しており、消費中の災害を防止し作業の安全を確保しようとしている。したがって、煙火の消費の際には保安講習受講の証としてこの「手帳」を携帯して作業に従事することを義務づけている。

花火の打ち上げに従事する者が法令、保安基準や事故防止などの保安講習を受けたことを証明する打揚従事者手帳制度は、1967年（昭和42）から日本煙火協会が実施している。

この手帳の発行数は合計で約1万8000名分であり、この手帳所持は許可官庁から花火の消費許可を受ける時の条件となることが多い。

保安講習では、日本煙火協会の自主基準として花火の消費保安基準を書いた通称「オレンジ本」がテキストとして使用されている。また、消費技術を解説したビデオも作製されている。

近年、種々の理由から花火打ち上げ時の遠隔点火が普及しており、花火消費事故件数のうち打揚従事者の事故は大幅に減少してきた。評価するには時期尚早であるが、関係事故が減少する感触が得られている。

3）おもちゃ花火についての安全確保

おもちゃ花火には、子供でも安全に取り扱える製品の品質を管理することが求められる。そして、おもちゃ花火の安全には誤使用など使用方法に依存する部分も大きく、安全使用の消費者啓発活動が、製品品質と合わせておもちゃ花火の安全上重要となる。

日本煙火協会では、日本国内で流通するすべてのおもちゃ花火を検査すると同時に、消費者啓発活動を長年にわたり実施している。そして、不幸にして製品欠陥によって事故が発生した場合は、損害賠償を行う仕組みを作り、再発防止を図っている。その内容を見てみよう。

4）検査制度

検査と損害賠償を行うのが検査制度である。検査制度は1977年（昭和52）から日本煙火協会によって実施された自主的な制度である。同協会が行う検査に合格し、国内で流通する国産・輸入品のおもちゃ花火にはSF（Safety Fireworks）マーク（右図）が付けられている。SFマークには、型式認証の証である「規格マーク」と、製造（または輸入）した花火が抜き取り検査に合格したときに付けられる「合格マーク」がある。

SFマーク表示のための各種検査は、経済産業省の指導のもと、愛知県豊橋市の山間部に設けられた同協会の「検査所」（写真）で行われている。種々の検査設備や実験設備を有しており、時々テレビでも取り上げられている。

検査の内容は、法令に適合しているかどうかをチェックする「基準検査」と花火の構造・燃焼現象や使い方表示の確認テストとともに、実際に着火して危険の有無を調べる「安全検査」がある。

検査数は2015年（平成27）までに約19万件に上る。検査数は年によって変動があるが、年間おおよそ3000から4000件となっている。検査に合格した製品にはSFマークが表示され、製造物賠償責任保険（PL保険）が付保される。

検査所外観

検査制度では、運営委員会、マーク管理委員会の監督を受け、常に検査の確実な実施に努めている。さらに、自主検査のよりよい成果をあげるため、がん具煙火安全管理委員会が置かれ、学識経験者等（8名）による監督、諮問が行われている。

5）安全啓発活動

安全啓発活動には、おもちゃ花火の種類や取扱いの注意をまとめた「しおり」やポスターなどのツールを地方自治体や消防機関などへの配布、各地の消防機関が実施するおもちゃ花火安全教室への資材提供などがあり、毎年活発に実施されている。

2014年（平成26）には、愛知県と静岡県を中心に秋田県、福島県、茨城県、埼玉県、滋賀県や京都府などで計2000か所、延べ約18万人もの保育園・幼稚園児を中心とした子供たちが「おもちゃ花火教室」に参加し、各地域の消防関係者等の指導を受けた。これらの様子は、日本煙火協会のホームページ（www.hanabi-jpa.jp）で見ることができる。

6）輸送についての安全確保

花火は火薬を使っているためガソリンや高圧ガス同様に危険物に分類され、輸送についても「火取法」で厳しく規制されている。トラックなどの陸上輸送以上に厳しいのは船や飛行機による輸送である。船や飛行機の輸送には国際的な輸送ルールがある。

危険物の輸送ルールを作る国際的な委員会は、1956年（昭和31）に「危険物輸送に関する勧告」（通称「国連勧告」）を完成した。危険物の輸送において用いられる国連番号や容器に付されている国連マークは、国連勧告に定められている。その後1984年（昭和59）に危険物の分類を判定する試験方法「国連勧告試験マニュアル」を定めた。

国連勧告に定めた分類試験にしたがって危険物の区分を定め、輸送容器や表示などの輸送要件を満たして、危険物の安全で円滑な船や航空機などによる国際輸送を図っている。

わが国においても、1990年（平成2）から国連の輸送基準に基づく火薬類の試験方法の実証およびわが国に適した試験方法の方法・選択について検討した。また火薬類を威力により分類するための試験方法および火薬と爆薬を区分する試験方法を検討した。黒色火薬やロケット用推進薬などの火薬、発破に使用する産業爆薬を主体として検討されたが、花火用の火薬についても検討されてきた。

直近の15年間、花火の輸送ルールについて、輸送安全の観点からヨーロッパを中心に大きな変革があった。

この話は、次の信じられないような花火の貯蔵事故から始まった。

オランダ南部の都市エンスヘーデで2000年（平成12）5月に発生した大爆発事故（写真）は、住宅地にあった花火貯蔵倉庫で発生し、死者21名、負傷300名以上を出し市街地の4分の1を消失させた。オランダは、事故調査の過程において50回を超える国連分類試験を行った。その結果、輸送区分が危険性の低い1.4Gまたは1.3Gと提示された花火が、実際の区分は大量爆発する区分である1.1Gあるいは1.2Gであることが確証された。

また、船舶輸送中の事故が起きている。2002年（平成14）11月15日にリベリア船籍の5万tコンテナ船Hanjin Pennsylvaniaで発生した火災爆発事故と2006年（平成18）3月21日にパナマ船籍の6万tコンテナ船Hyundai Fortuneで発生した火災爆発事故である。いずれも他の物品を積載したコンテナから出火し、花火を入れたコンテナが爆発した事例である。調査の結果ではコンテナに積載された花火は、大量爆発しない区分である1.3Gや時には1.4G、1.4Sのみの組み合わせであった。事故を調査した結果、国連区分を定めるシステム上の不合理や貯蔵システム上の不安全が指摘された。

その結果、国連の委員会では国連勧告の見直しを2001年（平成13）に始め、花火の輸送区分の厳しい規制が実施されることとなった。この規制によって輸送事故はほぼなくなったが、同時に日本の花火は輸出が非常に難しい状態におかれることとなった。（畑中）

1-29　花火の研究を行っている産総研

国立研究開発法人産業技術総合研究所（産総研）では、火薬類取締法を所管する経済産業省を技術的に支援するために火薬類に関する幅広い安全研究を行ってきている。花火についても様々な研究を行っている。以下にその例を紹介する。

1）ラボスケールでの各種感度評価

花火に使われる組成物は、ＴＮＴなどの火薬・爆薬と比較して感度が高い。このため、実験者が安全に取り扱えるかを判断するためにいくつかの刺激に対する感度を調べる。まず、最初に行うのが熱に対する評価で、通常、示差走査熱量計（ＤＳＣ）という装置を用いる。１mg程度の量で計測することができ、何度でどのくらいの発熱があるかを調べることができる。下記に一例を示す。

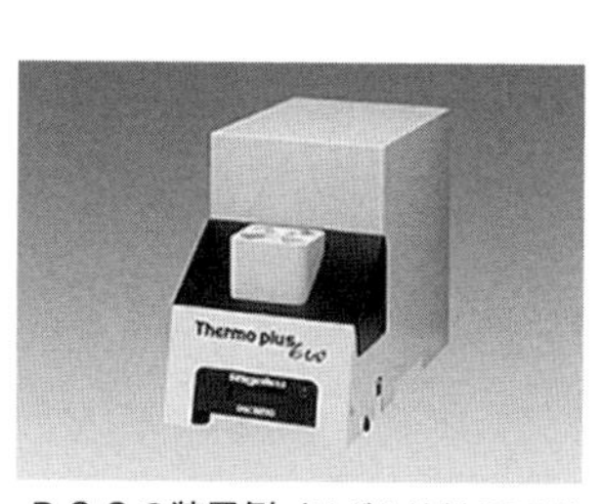

ＤＳＣの装置例（リガク社製 8320）

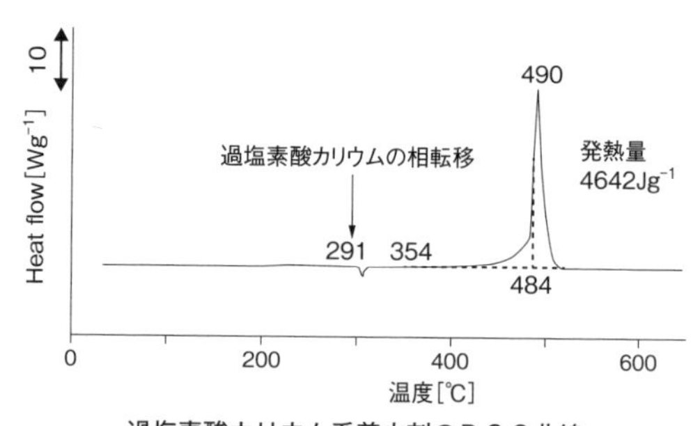

過塩素酸カリウム系着火剤のＤＳＣ曲線

ＤＳＣでは制御しながら一定の速度で加熱していく。右の図は過塩素酸カリウム系着火剤の例だ。291℃で下に信号が出るのは吸熱反応を示し、この場合、過塩素酸カリウムが相転移を起こしたためである。その後、354℃以上から発熱が始まり、4642 Jg^{-1}程度の発熱があることがわかる。この値はＴＮＴと同程度である。しかし、ＴＮＴは300℃を超えた付近から発熱が始まるので熱感度はＴＮＴよりも着火剤の方が低いと判定できる。

ＤＳＣ試験の次には、打撃感度試験や摩擦感度が行われる。使用量は100mg以下である。ＤＳＣ試験ではＴＮＴよりも熱感度が低いと判定されるが、打撃感度試験や摩擦感度ではＴＮＴよりも感度が高いと判定されることが多い。このへんが無機物からなる花火組成物の特徴であろう。

大量の試料を要する感度試験は衝撃感度試験だ。通常、鋼管の中に試料を入れて、爆薬で起爆する。この時に鋼管が裂ければ「爆発性あり」と判断される。国際的には50/60鋼管試験という試験が一般的である。しかし、日本ではこの実験が可能な施設が限られるため、スケールダウンした通産省式鋼管試験という規格がある。

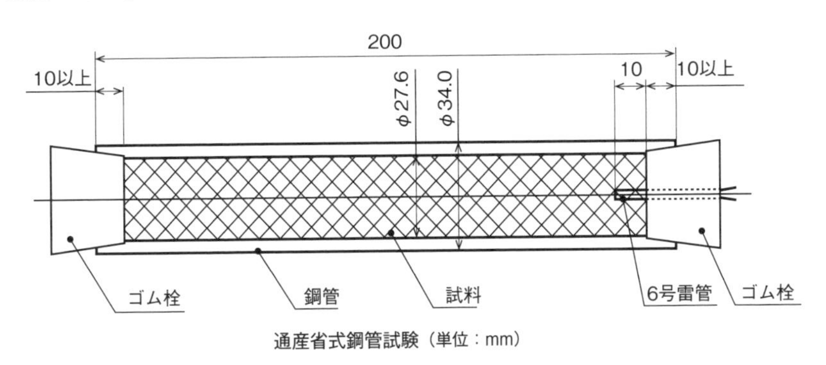

通産省式鋼管試験（単位：mm）

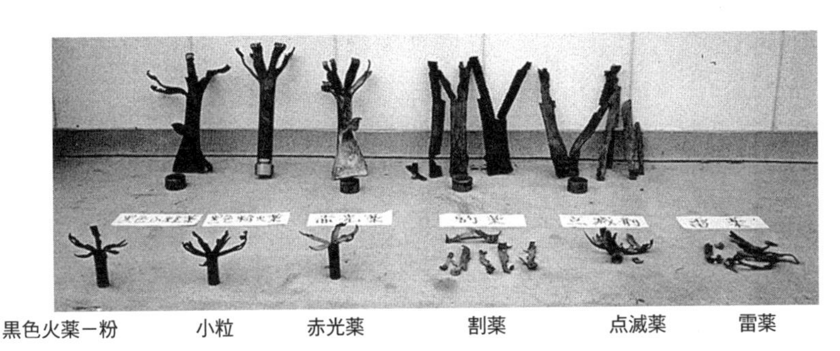

黒色火薬ー粉　小粒　赤光薬　割薬　点滅薬　雷薬

各種花火組成物の通算式鋼管試験（下）および50/60鋼管試験（上）

試験結果を写真で示す。左から見ていくと、黒色火薬の粉状のものでは鋼管

も同様であり、これらの組成物は衝撃感度が低く、爆発威力も低いと判断できる。しかし、割り薬は2つの試験で鋼管が最後まで裂けている。割り薬は花火玉をさせる役目のものなので、この結果は当然である。次の点滅薬は断続的に光る星などに使われる組成物であるが、意外なことに爆発威力が大きい。雷薬は感度が高く爆発威力がもっとも大きな花火組成物なので小規模な試験でも粉々になる。このような危険な組成物で大量の試験を行ってはいけない。

鋼管試験は危険性評価の最後に位置づけられる試験であり、各組成物の危険性が適正に判断できる。写真の結果を見れば、製造現場において、雷薬は細心の注意を払うべきという判断ができる。また、点滅する星の組成物には爆発威力が大きいものがあるということを知ることができる。製造から貯蔵、輸送、消費までの安全を確保するためにはここまで調べる必要がある。美しい花火を安全に楽しむためには、こうした徹底した評価が大事だ。

2）自然発火危険性の評価

花火の発火・爆発危険性を調べるうえで、自然発火という現象は非常にやっかいだ。長時間を要するうえに、大量でないと起こりにくいからである。しかしながら、花火に使われる火薬のほとんどは金属粉末が塩素を含む酸化剤（過塩素酸カリウム）と混ぜられていること、また、それを混合するときには水を加えて混ぜる（!?）ことを考えると、金属が腐食し発熱が蓄積することで発火や爆発に至るということがあっても不思議ではない。

難しい話なので分かりやすく考えてみよう。花火に入っている鉄粉は酸化剤によって燃えて、火花を出すことができる。これは花火としての通常の燃焼だ。一方、錆びるとはなんだろう。鉄は錆びる。錆びるとは、ゆっくりと酸化されていくことをいう。塩素分があると、より錆びやすい。その速度は遅いが、花火の燃焼と同様に熱を発する。使い捨てカイロも鉄が錆びるときの発熱を利用している。もし、発熱とそれが冷えていく放熱とのバランスが崩れて発熱する速度が上回ったらどうなるか？　急激に発熱して燃え出す。これが自然発火の原理だ。そして、錆びやすい金属粉末と塩素を含む酸化剤が混合されていると

自然発火・反応暴走試験等に使われるスクラバー付き野外小型爆発ピット

いうのは自然発火しやすい最悪の状態といえる。

実際に、花火工場での自然発火事故は多発している。公益社団法人日本煙火協会がまとめた統計によると、1955年（昭和30）から1992年（平成4）までの花火製造中の事故386件の内、55件が自然発火によるとされている。このため、自然発火を適正に評価する試験法の開発、および、自然発火現象の解明が望まれている。

産総研には火薬類の爆発危険性評価のために種々の耐爆実験施設がある。こういう専用の施設を利用すれば長期にわたる花火の自然発火現象を研究することができる。

例えば、次の写真は100gの塩素酸カリウム／硫酸銅／イオウ混合物の自然発火現象を調べたときの実験状況である。この混合物は自然発火することがわかっているため、現象の解明や評価法の開発には適当と考えた。混合物を丸底フラスコに入れ、ウォーターバス中で一定温度に保持する。すると、硫酸銅に含有する結晶水が徐々にしみ出し硫酸銅が溶けることにより硫酸イオンが生成

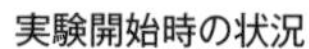

実験開始時の状況

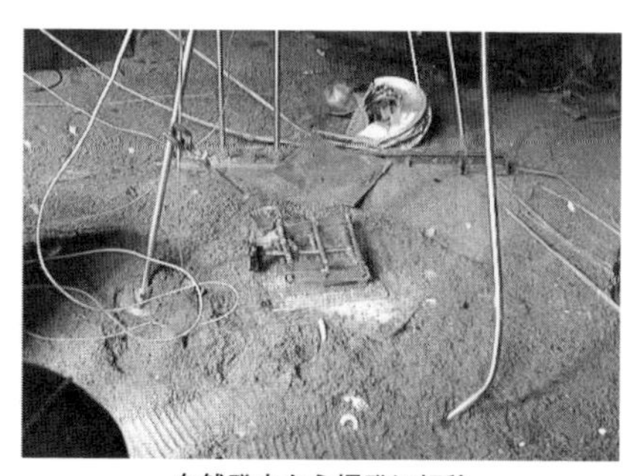

自然発火から爆発に転移
（保持温度：60℃、9時間後）

100gスケールの自然発火評価試験（試料：塩素酸カリウム／イオウ／硫酸銅混合物）

含有する結晶水が徐々にしみ出し硫酸銅が溶けることにより硫酸イオンが生成する。塩素酸カリウムは硫酸イオンにより、分解が促進される。分解による発熱が蓄積（蓄熱）し、臨界量を超えると自然発火が起こり、爆発に至る。自然発火は燃えるだけの場合と激しい爆発に転移する場合とがある。写真の例では激しく爆発したときのものであり、周りの支柱が折れ曲がり、加熱用のウォーターバスは変形し吹き飛んでしまった。

こうした現象は先に紹介したmgレベルで計測できるＤＳＣ試験ではまったく評価できない。また、５gの試料量でも同様の試験を行ったが、発火から爆発に至るような現象は再現できていない。つまり、相当量がないと、発火で終わるのか、あるいは爆発にまで発展するのかはわからない。また、自然発火が起こる臨界の雰囲気温度（限界発火温度）は試料量が多いほど低くなる。これは、自然発火が蓄熱と放熱とのバランスにより起こるためである。したがって、製造や貯蔵現場での危険性を評価するためには、その取扱量に近い量での限界発火温度を予測できる必要がある。行った実験の範囲で、最長で９日後に自然発火するような現象を計測することができている。爆発危険性を予測するための貴重な知見を得ることができた。実験は1997年（平成９）までに終了した。

この実験にはとんでもない続編があった。７年後に当時の残留薬が自然発火

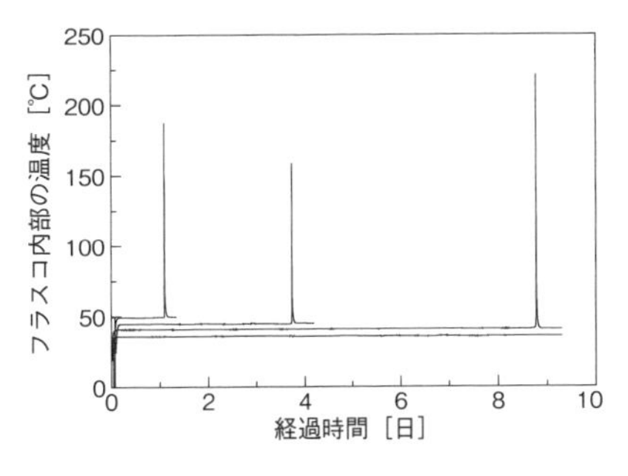

常温なら７年で自然発火？

実験で得られた自然発火までの経過時間（左）と７年後に発火した試料（右）

したのである。丸底フラスコという洗浄しにくいガラス器具を使ってしまったために，内側に燃焼残さが残ってしまった。未燃の火薬もあるかもしれないと思い、廃棄できないまま耐火施設に保管せざるを得なかった。ところが，状況を知らない人がガラス付着ゴミとして廃棄しようと考え、別室に移動させた。そして、数日後、内側に残っていたと思われる１g以下の火薬が自然発火した(写真)。実に７年以上も大丈夫だったのに（！）である。自然発火という現象がいかに複雑であるかを思い知らされた。また、処理が困難であっても迅速に片づけることが大事と痛感した。

3）野外大爆発実験

実規模が想定できる実験を野外で行うこともある。次頁の写真は黒色火薬100kgを地上で爆発させた時のものである。この実験の目的は、大量の黒色火薬が不慮の爆発を起した際の被害を予測するために行われた。黒色火薬は少量では激しく燃えるだけで爆風を発生することはない。しかし、密閉下や大量にある場合には爆風を生じ、家屋の倒壊など周囲に甚大な被害を与える可能性がある。このため、信頼性の高い被害予測を行うためには、実験室レベルの小規模実験ではなく、写真のような実規模実験が不可欠である。

爆発被害の予測には、通常、ＴＮＴと比較することにより、行われる。これは、写真のような爆発時において、発生する爆風の圧力を計測することにより

黒色火薬100kgの爆風圧計測実験（1991年10月、宮城県にて）

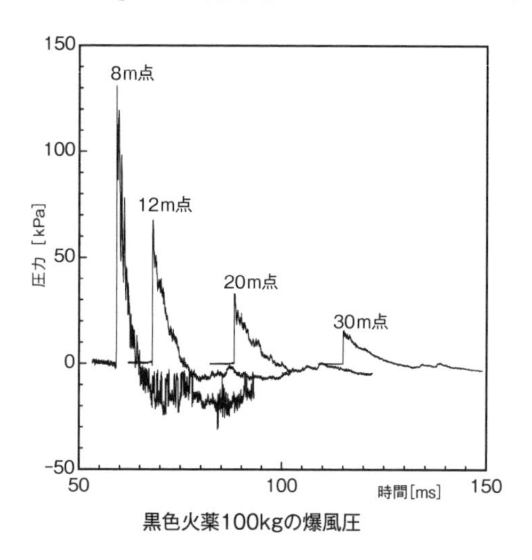

黒色火薬100kgの爆風圧

評価する。図は実際の圧力波形だ。この図のように、爆風というのは切り立った不連続の圧力波である。爆風が到達すると顔に激しく風がぶつかる感じがする。この圧力の高さを測れば、その場所でどのくらいの被害になるかがわかる。この実験では、多くの爆風圧を測ることによりＴＮＴの22kg相当であることがわかった。したがって、今後、黒色火薬100kg程度の爆発被害を考えるには、ＴＮＴ22kg程度を想定すればよいという指針ができる。（松永）

1-30 花火の法令

花火は火薬類に属する。このため、火薬類取締法をはじめ、様々な法令の適用を受ける。ここでは、基本となる法令を紹介する。

1）保安物件と保安距離

保安物件とは火薬類の製造施設または火薬庫の万一の発火・爆発災害から保護しなければならない物件をいう。保安距離は保安物件から確保しなければならない距離をいう。

第１種保安物件：国宝建造物、市街地の家屋、学校、保育所、病院、劇場、競技場、社寺および教会

第２種保安物件：村落の家屋および公園

第３種保安物件：家屋（第１種または第２種保安物件に属するものを除く）、鉄道、軌道、汽船の常航路またはけいりゅう所、石油タンク、ガスタンク。発電所、変電所および工場（自社の煙火工場も含む）

第４種保安物件：国道、都道府県道、高圧電線、火薬類取扱所および火気の取扱所

2）花火の貯蔵は火薬庫で

花火は煙火火薬庫および一級火薬庫で保管することが決められている。火薬庫を所有するものは火薬類取扱保安責任者等を選任して安全管理をする必要がある。また、毎年、都道府県知事が行う保安検査を受けなければならない。さらに所有者が自主的に行う年２回の定期自主検査も義務付けられている。上述の保安距離という点では、たとえば最大貯蔵量が５トンの煙火火薬庫は第１種保安物件と210m、第３種保安物件と105mの距離を確保しなければならない。そういう基準が逐一、法令に記載されており、これを順守しなければならない。

3）花火の製造

花火の製造工室は被害を最小限にするという基本的な考えで配置する。花火工場の特徴として、小さな小屋が数多く点在している。それぞれの部屋には特定の役割が決められていて、定員と停滞量（最大使用量）も決まっている。危険な工室は天井を弱くして仮に爆発が起こっても被害が水平にではなく、上に向くような放爆構造にしている。

4）花火の輸送

花火を輸送するときには発送地を管轄する警察署長に火薬類運搬届を提出して火薬類運搬証明書の交付を受ける。あまり見ることはないと思うが、自動車で運ぶときには赤地に白で「○」の中に「火」と書いた標識を付けなければならない。

5）花火の消費

花火大会などで花火を消費する場合、消費地を所管する都道府県知事に火薬類消費許可申請書を提出して許可を受けなければならない。また、打ち上げ場と観客との間を各都道府県が決めた保安距離だけ話す必要がある。たとえば、尺玉（10号玉）の場合、300m程度、距離を取る必要がある。強風（多くの場合、風速10m/s以上）の時には打ち上げを中止する。　（松永）

第2章

歴史編

仕掛け花火の代表格　ナイヤガラ

2-1　火薬の歴史(1)　火薬の誕生

火薬はいつどこでだれが発明したのかという問いに対して諸説があり、はっきりとはしない。しかし、現在も使用されている硝石、硫黄、木炭からなる黒色火薬の原型は７～８世紀頃中国にでき、11～12世紀には今の組成に近いものになったといえる。それ以前について記録があるのはギリシャと中国で、火薬の源流と思われるものが残されており、そのひとつが「ギリシャ火」である。

1）ギリシャ火

ギリシャ人は紀元前４～５世紀頃から硫黄、ピッチ、松樹（松炭）等火を伝える物に、麻屑等を混ぜた物を作り、これを「ギリシャ火」といって、火器として使用してきた。その後紀元670～80年頃に、東ローマ帝国のカリニコスがさらに「海の火」という物を作った。「ギリシャ火」が陸戦用とすれば、「海の火」は海戦用であり、「海の火」を水上に投げると水面に拡がって燃え出し、海から攻めたサラセン軍に大打撃を与え、数世紀にわたって首都コンスタンチノープルを守ったといわれている。この「海の火」は硫黄、生石灰および石油系物質等を混ぜた物で、水を加えることで自然発火するものである。この「ギリシャ火」および「海の火」は、火器として戦に使用された。これらはいずれも火薬ではないが、火薬の基をなすものであるといえる。

ギリシャ火（海の火）

2）錬金術の時代

中国における火薬の発明は、錬金術ならびに、不老長寿の薬を作ろうとする煉丹術の副産物であり、淮南王の劉安の『淮南子』の中に「消、流、炭を使って泥を金に、鉛を銀にしたものがいた」という記録が残っており、消は硝石、流は硫黄、炭は木炭と考えられる。

このように火薬の起源は煉丹術師たちが、さまざまな霊薬を調合することによって不老不死が達成できるとの思想のもとに、危険な金属化合物の組合せを試し、その過程で、まったく偶然に、木炭と硫黄、硝石の混合物から人類初の火薬（爆発物）を発見したと考えられる。

晋の葛洪の『抱朴子』(317年刊）には、丹薬の製造法が丹薬炉の構造とともに詳しく書かれている。銅鉱に硝石、硫黄を作用させて金銀を分離し、これに木炭を作用させて金を分離する方法で、煉丹炉では黄銅鉱を硝石、硫黄とともに高温度で加熱して金銀分を分離し、次にこれに木炭を加えて加熱して金を分離していた。

ここに黒色火薬の２成分が一次反応に加えられ、木炭が二次反応に加えられた。まちがって木炭を一次反応の末期に加えると爆発反応が起きる可能性はある。その時の状況を示す記録として、李昉の『大平広記』(978年刊）の後漢の項に、杜子春の物語があり「一位老人がある避静の地で丹薬を作っていた所へ杜子春が夕刻に訪問した。老人は杜に煉丹を扱っている所に触れてはならぬといい置いて外出した。杜は丹薬炉傍で居睡をし、悲惨な場面の夢を見て驚声を発して目が覚めたところ、炉が燃えて大火となり、火焔は屋根を抜き小舎は焼けた。かくして火薬が爆発した」と書かれている。

3）火薬の原型

宋の孟要甫の『諸家神品丹法』巻５（682年頃刊）の中の「伏火硫黄法」には、「硫黄、硝石各２両を取り、粉末にして坩堝に入れる。地面に穴を掘り、坩堝を埋めて、上部が地面と水平になるようにする。その周囲に土をつめる。虫が食っていないサイカチの実３個を、元の形がのこるように黒焦げにしたものを、一つずつ坩堝に入れる。硫黄と硝石が燃えて焔が生じるが、焔がおさまったのち口を閉じ、生熟炭（生炭または熟炭）３斤を蓋の上に置く。その３分の１が消費されたとき、炭火をすべて取り去る。冷めたのち中の物を取り出す。これで伏火されたのである」と書かれている。

これは、唐で808年に書かれた清虚子の『鉛汞甲庚至宝集成』の中の「伏火礬法」の前半の「伏火硫黄法」の部分である。これも硫黄、硝石のそれぞれを2両取る点はまったく同じだが、サイカチの代りに馬兜鈴（うまのすずくさ）を用いる。そしてこの3物を粉末にし、それを入れた坩堝を地中に埋め、上部を地面と水平にする。もちろん、煉丹術師は初めこのふたつの処方の生成物は硫黄を伏火した薬であり、火薬とは思わなかったわけだが、いつしかこの配合が爆燃性のある火薬に変ることに気づいたのである。

吉田の『錬金術』によれば、『真元妙道要略』（850年刊）の中では、「硫黄、硝石、雄黄、蜜を混合して塊にしたものは激しい勢いで燃えるから、人の手や眼を焼き、ついには火災を引き起こす」と書かれている。

火器について、北宋で970年に馮継昇が「火箭」、975年に趙宋が「火炮火箭」、1000年に東福が「火箭火毬、火蒺藜」を作り1002年には石晋が「火毬、火箭」と、火器が相次いで現れた。次いで1232年に金で「飛火槍」、1259年に「突火槍」が作られたことから、この頃までに火薬の原型と見られる薬が使われたと思われる。

曾公亮等の『武経総要』によると、火箭用の薬の配合成分は判然としないが、火毬用のものは明らかに黒色火薬の原型といえるものである。『武経総要』には蒺藜火毬用火薬の組成について以下のように述べている。

「火藥法：用硫黄一斤四両、焔硝二斤半、粗炭末五両、瀝青二両半、幹漆二両半、搗為末、竹茹一両一分、麻茹一両一分、剪碎、用桐油、小油各二両半、蠟二両半、熔汁和之．外傅用紙十二両半、麻一十両、黄丹一両一分、炭末半斤、以瀝青二両半、黄蠟二両半、熔汁和合、周塗之」

これは、粗炭末を木粉と見れば黒色火薬の原型といえる。そこで各火薬として記載されている組成をまとめると次の表になる。

原　料	火毬用火薬		蒺藜火毬用火薬		毒薬烟毬用火薬	
焔硝	53.3	100	61.5	100	60.0	100
硫黄、嵩黄	28.0		30.8		30.0	
木炭末	0		7.7		10.0	
松脂	18.7		0		0	
桐油その他	10.0		23.0		56.0	

『武経総要』に記載された火薬組成

1044年に『武経総要』が完成し、その中に世界最初の「火薬」という語と火薬組成による火器が図説された。

4）黒色火薬の誕生

黒色火薬がいつできたのか確かな記録が見られないが、王銍の『雑纂録』(1154年頃刊）には黒色火薬を用いた煙火としてこどもの紙砲の記述があり、打ち上げ花火と推定される。

明時代の焦玉の『火龍経』(1412年刊）の守拙三亭重校手抄本には「火攻之薬法」という火薬理論が書かれており、成分すべてに木炭が明記され、とくに木炭の種類について詳しく論じている。

また、明時代の戚継光の『紀效新書』(1560年刊）には現在と同じ黒色火薬組成が記載されているが、それまでに完成したものといえる。その中に「鳥銃(火縄銃）の火薬を調合する方法（この方法は倭寇と抗戦している時に倭寇から手に入れた）として、硝石１両、硫黄1.4分、柳炭1.8分を用いて配合して作り、三者はそれぞれ75.75％、10.6％、13.65％の割合を占める」と書かれており、当時の世界の火縄銃砲で使う発射火薬の基本と流れが同じで、これは中国の伝統火薬が新型火薬に変化する過渡期の指標となるものといえる。

中国以外の国の火薬の使用の始まりは12世紀以降であり、12世紀初めに中国で黒色火薬の発明と実用化が完成したと考えられる。（栗原）

2-2　火薬の歴史(2)　中国での使用例

中国で11～12世紀に誕生した火薬が、火器としてどのように使われたかについて岡田の『中国火薬史』、島尾の『中国化学史』を中心に、以下に記載する。

1）中国の火器

9世紀末（唐代）には煉丹家によって火薬の技術が伝えられて、投石機によって「飛ぶ火」を打ち出して焼夷剤として使われていた。それ以降、さまざまな火器が中国にて開発されたと考えられる。中国で10世紀初めに現れた「猛火油」は「ギリシャ火」で、『武経総要』には猛火油放射器の記事と図がある。

火器として唐代の「火筒」は竹筒の一方の節を残し、狼糞・植物油・石油を入れて点火するもので、宋代の火器として「火槍」（紙筒)、「突火槍」（竹筒、玉)が、金代には「飛火槍」（紙筒)、「火槍」（紙筒)、「火缶」などが作られた。

「火筒」は、唐代以前では火矢であったが、北宋時代には矢の先端に焼夷剤としての火薬をつけ、弓か弩で発射するものとなった。元代になると、「火箭」は弓を用いず、火薬の推進力で飛ばすロケットを意味するようになった。「火箭」、「火箭筒」は矢に薬筒を縛り、薬筒に燃焼剤を入れて弓で発射するものであったが、火薬発明後は火薬を薬筒につめたものや、「火薬鞭箭」のように火薬を球形にして矢の前部に固着し、みちびで点火後敵陣に射込み、爆裂して敵陣を焼くものとなった。『武経総要』にあるものは、竹の外径5 cm、長1.8mという槍に類するものに火薬200gを取りつけ点火後回転しながら放つものだ。

火毬類には種々の形状、大きさ、材質の物があり、中に入れた火薬の配合成分もいろいろあった。「火毬」を「火炮」とも呼ぶが、火薬を充填した壷が鉄製の場合はこれを「鉄砲」といい、磁器の場合には「磁砲」といった。この火器が実戦に用いられたものとして残っている記録は、金で1232年の汴京（開封）攻囲戦の時で、守る金軍は「震天雷」(鉄砲）および「火槍」を、攻める蒙古軍は主に投石機で闘ったが、その時の状況を脱脱は『金史』(113巻）に「その守城の具に火砲、震天雷と名づくるものあり。鉄缶に薬を盛り、火を以て之に点ずれば、炮火を発し、其の声雷の如く、百里の外へ聞こえ、周囲半畝以上焼き尽くし、火のついた所は甲鉄も防ぐ事はできない」と記されている。初期の火薬には木炭の代わりに油脂分を使ったので、爆発性は少なく、焼夷性が大であった。

北宋の開封には広備攻城作（造兵廠）があり、その中の火薬窯子作（火薬製造工場）で製造された3つの主要な火薬兵器、「毒薬煙毬」「蒺藜火毬」「霹靂火毬」について、『武経総要』は、それぞれ次のように記載している。

「毒薬煙毬」は火薬毬の代わりに毒薬煙毬を使ったもので、燃焼のみならず有毒な煙を発生させる火球である。この煙を吸うと、口や鼻から出血する。城を守るとき投石機でこれを敵に投射した。

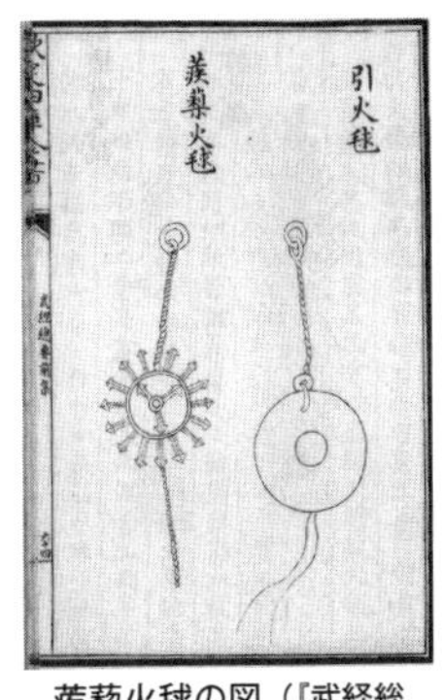

蒺藜火毬の図（『武経総要』）（国立国会図書館蔵）

「蒺藜火毬」は、蒺藜の実に似た形に作られた鉄菱を火薬で包んで丸く固めた火球である。これが破裂すると鉄菱が四散し、あるいは地上に散布されて、敵の進行を阻んだ。

「霹靂火毬」の火薬は紙などで包むと爆発することが分かったのは10世紀半ばであろう。また硝石の量が多いほど発火も燃焼も速いから、硝石の比率が高まるにつれて、火薬は焼夷剤から爆薬へと移行した。北宋末期に出現した「霹靂炮」または「霹靂火毬」は、投石機で投射する最初の爆発性火器である。『武経総要』によれば、「その製法は、直径1.5寸の乾いた竹の節間2つか3つを用い、竹は割れ目のないものでなければならない。30個ほどの陶片と火薬を混合したものを竹筒の周囲に詰め、これを包んで球とする。竹は両端に1寸ほどずつはみだしている。球の外面に火薬を塗り、点火すると霹靂（激しく鳴り響く雷）のように轟いた」というが、割れ目のない竹の破裂音も入っていたはずである。

宋の兵器は優れていたが、北宋は金に、南宋は元に敗れ、火器の秘密は金、元に伝わった。金で1221年、金人が冀州を攻めた時、多数の「鉄火炮」（別名「震天雷」）という新兵器を用いて攻め落とした。これは瓢箪の形で、口は小さく、生鉄で鋳造してあり、厚さは2寸である。火薬を入れ、口に導火線をさしこむ。投石機で城外から城内へ投げ込むが、距離に応じて導火線の長さを加減すると、目的地に達したとき爆発する。鉄の容器に火薬を密封したので、破壊力は火薬を紙で包んだ「霹靂炮」をはるかに凌駕したのはいうまでもない。火薬の硝石比は70 ～ 78%である。

「火炮」の「炮」はもともと投石機を意味したので、「火炮」は「火球」(焼夷弾)を投げる投石機ということになる。しかしのちに炮は投石機によって投射される「火球」を意味するようになり、そして「大砲」を意味するようになった。

『武経総要』の「火槍」は、竹筒のような一端の開放した有底の筒で、これに低硝石火薬を入れて着火使用する火攻具で、蒙古(もうこ)軍の汴京攻囲に金軍は「飛火槍」として使った。1259年南宋の寿春(じゅしゅん)で発明された「突火槍」は巨竹を筒とし、上部に火薬を装し、その中に弾丸を入れ、点火すると火焔が出て燃え終わる頃、弾丸が飛び出すもので、筒が木でできている物を「マドファ」といい、発煙筒式の小型火炎放射器と考えればよい。その後「突火槍」では底に子玉を入れて、これが最後に飛び出して破裂するものとなった。

『武経総要』の「火筒」は、弓か弩で射る矢に焼夷剤としての火薬をつけたもので、このような「火筒」が北宋初期から南宋中期まで用いられた。明の『火龍経』の「火箭」はロケットである。名称は同じでも実質はまったく異なり、羽をつけた矢柄に火薬の入った筒を取りつけ、矢は火薬の推進力によって飛び、弓を必要としない。「飛火槍」について『金史』(113巻)には「また飛火槍をも使った。火薬を(紙筒に)入れ、点火してこれを発射すると、焔は前方十数歩まで噴出したので、誰も近づこうとはしなかった。震天雷と飛火槍だけは蒙古兵も恐れた」とある。「火缶」とは爆発性火器として初期のもので、火薬を素焼きの容器に詰めて導火線で点火させるものである。

2) 花火の使用例

黒色火薬は1100年頃には実用化され火薬はまず軍事に利用された。宋代後期には、火薬を用いて娯楽にも利用されるようになったと思われる。「爆仗(ばくじょう)」(爆竹)、「煙火」(仕掛花火)、「流星(りゅうせい)」(打ち上げ花火)など多様な花火が現れた。「爆竹」は宋代前期までは竹を燃やすことから、宋代後期には火薬使用の「爆竹」が広く使われるようになった。東漢以後の諸書に「正月に各家庭では早朝に起きて正装し、庭に爆竹をかかげてこれを焼いてその霹靂のような音で悪魔を払う」という風習があり、爆真竹は1.5m位の真竹で数節のあるのを取り、これを焼くと連続音が出る。唐時代にはこれに紙を巻いて「爆仗」といった。「爆仗」は火薬を紙筒に詰めて爆発音を出したもので、「爆竹」を模倣したのである。宋の周密の『武林旧事』(1290年頃刊)には、「杭州(こうしゅう)郊外で西湖(せいこ)に少年がいて爆仗を競い放った」「除夜に爆仗を使う、その中に薬線を蔵す」とある。

また、南宋の『会稽志(かいけいし)』(1201年刊)には、「除夜には爆竹の声が聞える」「或者は硫黄を爆薬に作り声は雷属し爆仗という」と書かれている。

宋代に見られた煙火(花火)について『武林旧事』を元に、花火には「起輪(きりん)花火」「流星花火」「水爆花火」などがあったことが知られている。「起輪花火」は西瓜炮のようなもので、現在の打ち上げ花火の構造をしていたと思われる。「走線(そうせん)花火」とは、明らかではないが紐を水平にしてそれに沿って走る仕掛け花火と見られる。「流星花火」はロケットのようなもので、軍事の通信手段(のろし)としても用いられていた。「水爆花火」は大音響を発して水面近くで用いられるので金魚花火に類するものと思われる。当時の「爆仗」は果物や人物の形をつくる仕掛け花火であったことがうかがわれ、「地老鼠(ちろうそ)」は現在のねずみ花火に相当するものといわれる。孟元老の『東京夢華録』(1147年刊)は、北宋の首都汴京(開封)のかつての栄華を叙述した作品であるが、徽宗皇帝が宝津楼へ臨幸して演技を見るところで、「突然、霹靂のような大きな音がひびく。これを爆仗という。ついで煙火(花火)が盛大に始まる」と記され、演技の節目ごとに「爆仗」が鳴り響くさまが述べられている。

南宋時代に花火が盛んであり、当時の宮廷で向い棚に仕掛けられた大規模花火が点火された様子は、明代の小説『金瓶梅(きんぺいばい)』(17世紀初期刊)の錦絵からも見ることができる。『金瓶梅』の内容は1112年から1126年までの宋の時代の物語で、この中に花火の描写が出てくる。(栗原)

2-3　火薬の歴史(3)　中国からヨーロッパに渡る

中国にて誕生し、火器として使われた火薬が、どのようにしてヨーロッパへ伝わったかについて、ポンティングの『世界を変えた火薬の歴史』を中心に、以下に記載する。

1）中国からイスラム圏へ

中国は火薬と硝石の輸出を禁じ、国内の取引も規制して、火器が国外に知られないようにしたが、女真族が開封を攻略したことで、火薬に関する知識が初めて国外に流出し、さらに女真族がモンゴル軍に攻略され、火器に関する知識も広がっていった。

南宋の時、イスラム国と中国との間の海路交通は盛んで1225年頃には火薬と煙火はイスラム国に入った。アラビア文の兵書中には「火輪」（中国では起輪）「葦管火」（流星、起火）、中国鉄（鉄滓末）の記事がある。1219年、モンゴル軍はアムル川の戦いに「毒火缶、火箭、火砲」を、1241年リーグニッツの戦に「毒薬煙毬」、1258年、バクダッドの戦に「震天雷」などを使ってバグダッドを占領したが、防戦側には火器は無く、また火薬の秘法は解けなかった。1303年、エジプト軍はついにこれを破ってシリアを占領した。この間において火器がアラビア人に移ったと考えられる。1240年頃シリアのイブン・アル＝バイタールの医薬書『薬草集』に始めて硝石のことを「中国の雪」としその製法が書かれ、1280年頃シリア人ハッサン・アル＝ラマーの軍事技術書に焼夷兵器、「火槍」、「中国の矢」と呼ばれるロケットのことが書いてある。

一方、イスラム圏では十字軍との戦闘を通じ、投擲兵器の威力を増すため「ギリシャ火」を利用した。さらに硝石・硫黄・木炭を配合して火薬を作る方法を知り、「石弾」、「火箭」などに詰めて1118年、スペイン征服時に使用したといわれている。モンゴル人の「火筒」、「突火槍」から1310年にシャムス・アッデイーン・ムハンマドが新型兵器「マドファ」を作り出したが、これは噴火器の一種と思われる。「マドファ」に入れる火薬は、硝石10、木炭2、硫黄1.5の割合にすると説明している。1311年イズマイルがグラナダ攻撃に「火弾」を使用し、その後「火箭」等の発射、推進用に黒色火薬が使用されるようになる。

イスラム世界では、火器の技術を吸収したことで、オスマン帝国とインドの大部分を支配したムガール帝国の2大「火薬帝国」が、何世紀にもわたってそれぞれの地域の歴史を支配することになる。1453年にビザンツ(東ローマ)帝国のコンスタンチノープルを陥落させたのは、オスマン帝国のメフメト（マホメット）2世の大型の大砲と火縄銃によってである。1499年、オスマン帝国はギリシャ西部の要港レパントを攻略し、1522年、ロードス島包囲戦にも勝ったが、1565年マルタ島包囲戦は失敗に終わった。さらに、1520年代にはベオグラードを攻略して、オスマン帝国の領土は、西はアルジェから東はアゼルバイジャンまで広がった。

2) イスラムからヨーロッパへ渡る

1252～56年カラコルムでフランシスコ会の修道士ウイリアム・ルブルクの伝道活動を通じて、中国の科学技術の多くが学習された。ルブルクはパリに戻ると、仲間の修道士ロジャー・ベーコンと会い、ベーコンはその知識を著書の『大著作』(1267年刊)、『第三著作』(1268年刊) で言及した。

1257年、スペインのニボラでムーア人が投射機から火器を投げ、「マドファ」等の投射火器の図がアラブの火書に記され、イスラム諸国に伝えられた火薬の知識は、13世紀後半にアラビア語の文献によってヨーロッパの知識人の知るところとなった。14世紀前半にヨーロッパ各国は、イスラム諸国との戦争の中で火薬を用いた攻撃法を会得し、火器がイスラムを経てヨーロッパに伝流されたものと考えられる。

3) ヨーロッパでの火器の発達

1300年頃のヨーロッパは、広大なユーラシア大陸の中でもっとも遅れた地域であり、交易のほとんどは国境を接する優勢なイスラム文明との取引で、知識を得る源でもあった。1260年代にベーコンが中国の「爆竹」について知るが、中身についての知識はなく、初めて火薬を扱った書は1300年頃で、14世紀の中頃から火薬を使った兵器の使用が見られる。

火薬および火器は中国で発明され、モンゴルの西進とともにアラビア人から北方、南方の両経路を経てヨーロッパに伝えられたが、レニングラードを経て北方から入ったものが早く実り、木製の「マドファ」から金属製筒に進み、北部ドイツで銃の形式を備えたのではないかと考えられている。

1326年、イタリアのフローレンスで鉄砲、鉄弾が作られ、1346年、イギリスがクレシーの攻撃に「火砲」を使用して戦果を収めてからは、火薬は戦争用資材として重要な地位を占めるようになった。当時の砲は鉄条を桶のように組み合わせ、鉄のたがをもって締めつけ固定したものであった。

1370 ～ 80年頃東西ほとんど同時に、同型の小銃のもとをなす銃筒が作られた。火薬、銃砲の発明によって、封建諸侯の古い城砦は破壊されていった。1382年、ブリュージュ郊外で、ペヴァーシューツヴェルドの戦いがヘント市とブリュージュ市の間で起こり、ヘント軍が多数の大砲を使って城を破壊したといわれている。中世ヨーロッパ末期には２つの型の大砲があり、一般的な前装砲では製造が簡単だが、装填に時間がかかり危険であった。一方、後装砲は薬室に、弾丸を事前に装填しているため操作が簡単であった。

この時代の火器がほとんど攻城砲だったのは、効果的な小型の「手銃」をつくるのに問題があったからである。中国の最初の「手銃」は前装銃で、後部に導火線で火薬に点火する火門方式だったからだ。ヨーロッパの「手銃」は15世紀初頭に開発されたが、同じ問題で悩まされた。14世紀後半になるとヨーロッパの火器の進歩は加速度的になり、15世紀において顕著なことは非常に巨大な砲が造られたことであった。

ヨーロッパでもっとも早く火器が使用されたのは海戦で、1330年代末から砲の使用が見られるが、小型で対人兵器に留まった。「手銃」が開発されたのは1418年で、城壁の防御に使用された。中国とイスラムでは火器として「火槍」

と「ロケット」を使っていたが、「火槍」は1396年頃からヨーロッパでも知られ、「火槍」と「ロケット」は15世紀から16世紀初頭にかけて広く使用されていたことが、ピングリッチョの『火工術』(1540年刊) の中に見られる。

4) ヨーロッパでの花火の使用

火薬の伝来と前後して、ヨーロッパでも15世紀から大規模に花火に利用されるようになり、最初の花火はイタリアのフィレンツェで行われ、その後、イギリス、ロシアの3つに分かれ全ヨーロッパに普及していったとされている。1486年、イングランドでヘンリー7世の結婚式に初めて使われ、宗教的祭や祝典に欠かせないものとなった。1570年代にはイギリスのワーウィックやケルニフォースなどの城館で花火が打ち上げられた記録がある。

一方、ロシアにおいても花火が盛んになり、ピョートル1世は1703年にペテルブルグに花火研究室をつくり、皇帝の楽しむ花火を研究させ、1721年にスウェーデンとの戦争に勝ち、ニスタットで平和条約が締結された時、盛大に花火が打ち上げられたという。

1748年、「オーストリア継承戦争」が終結して、アーヘンで平和条約が締結され、1749年、イギリス国王ジョージ2世の主催による祝賀花火大会が開かれた。その時、ヘンデルが「王宮の花火の音楽」を作曲し、イタリアの花火師ガエタノ・ルッジェーリによって仕掛け花火を設計し、1万発の花火を使ったことはグリーンパークにつくられた巨大な板絵からもわかる。

しかし、この間の事情を正確に記した文献はなく、中国の場合と同様に、ヨーロッパにおける花火の起源もはっきりしない。　(栗原)

2-4　花火の歴史(1)　元寇で日本初上陸

「てつはう」は、文永の役（1274年）を描いた有名な「蒙古襲来絵詞（もうこしゅうらいえことば）」に記された鉄製の外殻を有する爆発性火薬兵器の名称である。鉄砲（火縄銃）より早く日本人が初めて遭遇した火薬兵器であることは広く知られている。

弘安の役（1281年）における「てつはう」は2001年（平成13）、2002年（平成14）の長崎県の鷹島（たかしま）海底調査で引き上げられた。この海底一帯はその後も調査が続けられており、2013年（平成25）に国史跡として指定された。

この海底から引き上げられた「てつはう」は焼き物の球体であり、21個について詳細に大きさなどが調べられている。「てつはう」を保管記録した鷹島歴史民俗資料館の説明文を転記する。

「2001年と2002年度の鷹島海底遺跡調査の際に出土……製作の際には、基本的に粘土紐を輪積みして形成し、球状の一箇所に穴を開け、ここから内部に火薬や鉄片、陶器片などを詰めていた……」

21個の中の１個には、なんと内容物が残っていた。700年の時を経て甦ってきたのである。2001年（平成13）８月、「てつはう」をＸ線CTという装置で測定した結果、鉄片、陶器片と木片と思われる繊維が存在することがわかった。

2001年（平成13）当時の小学校の教科書では「てつはう」は単なる脅しの武器と表現されていた。それから10年以上を経た2014年（平成26）、この研究によって、「てつはう」は「殺傷力のある武器である」と教科書は修正された。

構造や部品の大きさから、鉄片や木片の役割を次のように考える。鉄片は、外殻が鉄製から陶製に変化した時の威力低下を補うために使われ、もっとも効果のある外殻沿いに内部に配置された。木片は、飛散物としての威力が小さく、その大きさから穴を塞ぐために使われたのであろう。

「てつはう」を現在の割物花火の構造と比較する。割物花火では、親導（おやみち）と呼ばれる導火線が発射火薬によって着火すると、同時に上空に打ち上げられる。

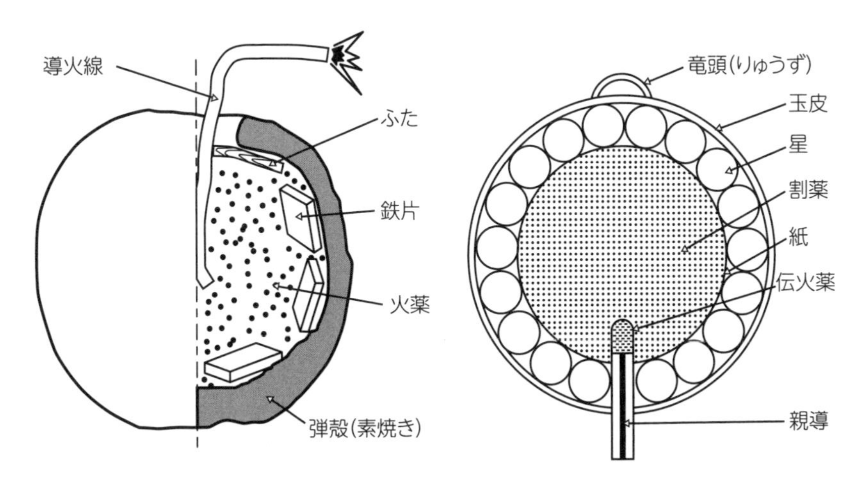

「てつはう」の半断面図（想像）と花火玉の断面図

所定の上空に達するまで延時して伝火薬が燃えて割薬に着火して爆発する。その時、割物花火の外殻である玉皮を壊し星を大きな速度で四方八方に飛ばす。

「てつはう」は、導火線に点火されると同時に回回砲（かいかいほう）などの投擲（とうてき）装置を使って飛ばされ、着地する頃、導火線の延時によって内部の火薬に着火して爆発、外殻である素焼きの陶器を壊し鉄片を勢いよく四方八方に飛ばす。

発展の経路は不明だが、「てつはう」の構造が花火（打ち上げ）と類似していることは驚きである。

中国は、宋時代に日本から大量の硫黄を黒色火薬の原料として火薬兵器に使用するためにに輸入していた。日本が輸出した硫黄を使った火薬兵器が日本を攻撃したかもしれない、歴史の皮肉であろう。　（畑中）

2-5　花火の歴史(2)　錬金術と花火

錬金術とは科学的手段を用いて、金でないものから金を作りだそうとする秘術のことである。古代エジプトやギリシャが起源とされている。錬金術の試行の過程で、硫酸、硝酸、塩酸など、現在の化学薬品の発見が多くなされており、蒸留装置などの実験道具が発明された。歴史学者フランシス・イェイツは16世紀の錬金術が17世紀の自然科学を生み出したと指摘している。

金を溶かす王水は西暦800年前後に、イスラム科学者アブ・ムサ・ジャービル・イブン＝ハイヤーンにより開発された。まず、食塩と硫酸から塩酸ができることが発見された。また、緑礬(りょくばん)または明礬(ミョウバン)と硝石とを混ぜて蒸留によって硝酸が合成されることが発見された。17世紀に入ってヨハン・ルドルフ・グラウバーがこれを改良し、硫酸と硝石との混合物を蒸留し、純粋な硝酸を作っている。硝酸は銅・銀などをも溶かし金属に対する作用は硫酸よりも強いということから、強い水という意味のラテン語をとり aqua fortis と呼ばれた。イギリスでは硝石の精という意味の spirit of nitre ともいわれていた。硝酸という言葉は1789年にアントワーヌ・ラヴォアジエによってフランス語で acide nitrique と命名されて以来用いられるようになった。それを濃塩酸と混合することで王水が十字軍を通じて中世ヨーロッパに伝えられ、錬金術師たちに注目され、銀以外いかなる金属も溶かし込む事から“aqua regia”（王の水）と名付けられた。日本語の「王水」はこの直訳である。

中世において、黒色火薬に使う硝酸カリウムはカルシウム、マグネシウム等の不純物が混入しており、吸湿性が高いため、性能の維持および貯蔵に困っていた。1280年頃、イスラムで木炭灰汁を加えることにより、カリウム以外を除去する方法が発見された。これがヨーロッパに伝わり、品質の向上に寄与したと伝えられている。化学的に説明するとこの時代は硝酸カリウムを製造するために「作硝丘」と呼ばれる地面に動物や人の尿をまき、硝酸バクテリアの作用でアンモニアを亜硝酸に変える。亜硝酸は空気中で酸化されて硝酸に変わる。

この時点で不純物が混入していて問題があった。そこで木炭灰汁の炭酸カルシウムを加える事で不純物を取り除くことができた。

アンモニアが最初の原料であったことから、この作り方では尿の確保が必要であった。とくにワインや強いビールを飲んだ人の尿は珍重されたようである。こんな製法だったため、ものすごい悪臭を放っていたようである。

錬金術時代の化学実験の様子（球形で口が曲がった装置はアランビックという蒸留装置。日本には江戸時代に伝わり、ランビキと呼ばれた。http://www.mythania.com/より、引用）

ただし、歴史研究家によると、不純物が混入した硝酸カリウムで作る黒色火薬は、不純物のために威力が弱まり、大砲を痛めずにすんだため、かえってよかったようだ。観光地で有名なフランスのモン・サン＝ミシェルには直径50cmの球状の石を発射する大砲が残っている。15世紀のものだといわれているが、現在の黒色火薬の爆発威力では砲が耐えられないであろうとのこと。

（松永）

2-6　花火の歴史(3)　欧州での流行

ヨーロッパでの花火は、イタリアのフィレンツエで、14世紀のルネッサンスの頃始まったといわれている。その後、ヨーロッパ中に広まり、イギリスでは1635年、ジョン・ベイトが『花火の本』を著した。下図はその一部である。すでに回転花火が発明されている。回転花火は東京ディズニーシーのファンタズミックというショーでも使われている。約380年の歴史をもっている花火ということになる。また、綱をわたって花火が走るものは、伊奈（いな）（茨城県つくばみらい市）の綱火とよく似ている。伊奈の綱火の発祥も同じくらいの時期だ。人が考えることは世界中でそれほど違いはない。

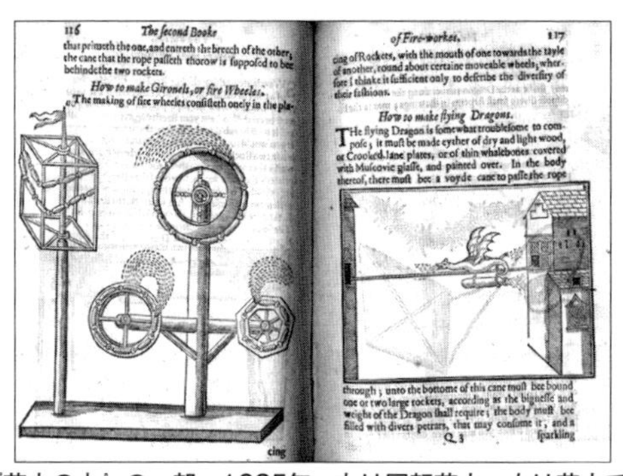

116　The ſecond Booke

that primeth the one,and entreth the breech of the other; the cane that the rope paſſeth thorow is ſuppoſed to bee behinde the two rockets.

How to make Gironels, or fire Wheeles.

The making of fire wheeles conſiſteth onely in the pla-

cing

of Fire-workes.　117

cing of Rockets, with the mouth of one towards the tayle of another, round about certaine moveable wheels; wherfore I thinke it ſufficient only to deſcribe the diverſity of their faſhions.

How to make flying Dragons.

THe flying Dragon is ſomewhat troubleſome to compoſe; it muſt be made eyther of dry and light wood, or Crooked-lane plates, or of thin whalebones covered with Muſcovie glaſſe, and painted over. In the body thereof, there muſt bee a voyde cane to paſſe the rope through; unto the bottome of this cane muſt bee bound one or two large rockets, according as the bigneſſe and weight of the Dragon ſhall require; the body muſt bee filled with divers petrars, that may conſume it, and a

Q 3　ſparkling

ジョン・ベイト著の『花火の本』の一部、1635年、左は回転花火、右は花火で竜が綱をわたって飛ぶ花火（http://special.lib.gla.ac.uk/exhibns/month/nov2003.html）

ヨーロッパでも最初のうち花火生産は家内工業的に行われていたが、やがて工場生産に移行し、製造方法も改良され、混合薬も発展していった。17世紀にはポーランド、スウェーデン、デンマークなどに花火学校が設立され、専門的な花火師が育成されていった。1748年、オーストリア継承戦争が終結すると、イギリス国王ジョージ2世はロンドンで祝賀花火大会を催した。この時、国王に依頼されてヘンデルが作曲したのが「王宮の花火の音楽」である。

この花火大会で用意された花火はロケット類だけでも10,650発と伝えられ

ロンドンのグリーンパークで行われた花火大会の様子（1749年）

ている。また、仕掛け花火は高さ35m、幅125mの規模だった。この大規模な仕掛け花火が歴史に残る大事故を起こしてしまった。原因は明らかではないが、予想外に伝火が速く大火災になってしまった。

また、ロシアのピョートル大帝は手先が器用でものづくりを愛好し、船大工から花火まで14種類の手仕事を習得していたといわれる。彼は新都市サンクト・ペテルブルクに科学アカデミーを開設して、外国から多くの科学者を招聘したが、その中に花火の研究室を作り、自身で火薬の配合をしたり、記録をとったりしていた。しかし、1709年、この研究室は火災を起こし、全焼したという記録が残っている。

ヨーロッパの花火は、早くからアンチモン、鉄粉などを加え、ある程度の色の変化を可能にしていたようだが、1786年、バートレットによって塩素酸カリウムが合成され、それが混合薬として用いられるようになると、色合いが格段に鮮やかになった。バートレットは硝石の代わりにこの塩素酸カリウムを利用して火薬を作ろうと考え、ラボアジエとともに実験を繰り返したが、1788年に大きな爆発事故を起こした。日本に塩素酸カリウムが輸入されたのは、1879年なので、色鮮やかな花火を作る技術はこの時点でヨーロッパに約100年、遅れをとっていたことになる。塩素酸カリウムを酸化剤とする混合物はとても危険であるため、現在ではより安全な過塩素酸カリウムがもっぱら使われている。

（松永）

2-7　江戸時代の花火(1)　記録を見る

明治になって江戸時代の公式記録をまとめたものに『古事類苑』がある。明治政府の一大プロジェクトとして1879年（明治12）に編纂がはじまり、1896年（明治29）から1914年（大正３）にかけて出版された。その中に「遊戯部十六　花火」として江戸時代の花火についての文献が俯瞰されている。「火薬と保安」に掲載された当該部分の島井武四郎の現代語訳を中心に、江戸時代の花火についての記録を見よう。

1）最初に花火を見た日本人

①　徳川家康

「駿府政事録」は1611年（慶長16）から1616年（元和２）までの駿府城における政事録・日記であるが、その中に花火の記録がある。「1613年（慶長18）８月３日、本日中国の花火師が挨拶に来て、６日の夜花火をお見せしたいとの申し出があった。６日の日没後、中国の花火師は、二の丸で花火を行い、徳川家康、初代尾張藩主義直、初代水戸藩主頼房が見物された。1615年（慶長20）３月晦日、伊勢踊りがあり、天照大神も飛び給うほど賑やかに、神宮と騒ぎ立てる者が、唐人に頼んで花火を上げた」ことが書かれている。

この史実は、『宮中秘策』『武徳編年集成』の書物にも記録があることを、火薬研究家鮭延が「日本花火史」に著しており、まず間違いなさそうである。この時の花火は「立花火」＝「立火」であり､現在のおもちゃ花火の「吹き出し」の大型のものといわれている。陰暦６日の夜は新月であり、月も明るくない。焚き火と蝋燭程度しか光がない時代には、火薬の強い光と動きは人々を十二分に驚喜させたのだろう。

これ以前に花火についての確実な文献がないことから、家康の花火見物をもって、わが国における花火の歴史の始まりとされている。

② 伊達政宗

歴史研究家岡田登は、「仙台花火史の研究」の中で、1589年（天正17）に伊達政宗が花火見物をしたことを述べている。

「(伊達)天正日記」および伊達家に伝わる歴代の治家記録の「伊達家治家記録（だてけちけ）」によれば、政宗の居城米沢城で、次のことがあったとの記録がある。1589年（天正17）7月7日「夜になって、外国人（大唐人）が3人来て、花火をおこない、その後、歌も歌った」とある。その翌8日、14日さらに16日にも花火の記録があり、計4回も正宗は花火を見たことになる。好奇心旺盛な政宗は花火をよほど気に入ったものと見える。

③ その他の記録

太田牛一著『信長公記』巻14の1581年（天正9）1月8日に「御爆竹の事」を花火の爆竹であるとし、安土城下で爆竹（花火の一種）が製作されたと考える説もあるが、この爆竹は竹を燃やして音を立てる小正月の催しのひとつとして鎌倉時代から行われているものであり、火薬を使用した花火であったかどうかは即断すべきでないだろう。

また、1582年（天正10）4月14日にポルトガル人のイエズス会宣教師が現在の大分県臼杵市にあった聖堂で花火を使用したという記録（『イエズス会日本年報』『フロイス日本史』）もある。

さらに、1585年（天正13）には現在の栃木県栃木市で、佐竹衆が戦のなぐさみに花火を立てたという説もあるが、戦の最中に当時貴重だった火薬をそのようなことに使うはずがないという主張もされている。

伊達政宗は、支倉常長（はせくらつねなが）を使節として1613年（慶長18）ヨーロッパに派遣した。支倉等は、無事にスペイン国王やローマ教皇に謁見している。また、大友宗麟（おおともそうりん）は大村純忠（おおむらすみただ）と有馬晴信（ありまはるのぶ）と共同で少年使節を1582年（天正10）にヨーロッパに派遣した。ポルトガル・スペイン両国王とローマ教皇に謁見しており、道中で、花火を見たとされる。両使節団は花火が当時存在していたイタリアに滞在したことから花火を見たはずであろう。花火と関わり深い大名の遣欧使節であり、種々の展開が想像される話と思う。

2）花火の禁止令

徳川家康の花火見物以降、花火はまず諸大名の間で流行することになる。尾張、紀州、水戸の徳川御三家、仙台藩や加賀藩など雄藩の花火は人気があり、江戸庶民は夕涼みをかねた大名の花火を楽しみにしていたのは想像に難くない。３代将軍徳川家光が1623年（元和９）に花火を奨励したことをきっかけに、花火は庶民のものになったようだ。

家康が花火見物してから約30年後の1648年（慶安元）には、「隅田川以外の町中で、ねずみ花火や流星（ロケット）などの花火を禁ずる。ただし、川口では特別、花火をしてもよい」という触れが出ている。当時すでに、おもちゃ花火のようなものを作って売っていたことがわかる。しかも、禁止令を出さねばならないほど流行っていたので、広くて安全な川口付近に限るとしたのだろう。戦国の世が終わり平和な江戸時代に入ると、花火が広まっていった。やはり、花火は平和の象徴であった。

福澤徹三は研究論文「近世前期の江戸の花火について」の中で、花火を禁じる触れは、その後も毎年のように出され1705年（宝永２）までに41通、しかも６月７月に集中して出されていたことをまとめた。何度も繰り返し出されていることは、花火に根強い人気があり、触れを出して禁じても禁じても花火を楽しむ庶民が後を断たず、それによって火災など多くの問題が起こったのだろう。もっとも、４代将軍徳川家綱でさえ、1669年（寛文９）７月24日、８月20日の２回にわたって江戸城二の丸で花火を観賞した（「玉露集」）というほど楽しんでいたのだから、庶民に花火を禁止ずるというのは無理というものだろう。

3）花火の製造

1712年（正徳２）頃出版された『和漢三才図会』は、大坂の医師寺島良安が著した江戸時代の図入り百科事典である。その巻第58火類に「花火」の項がある。

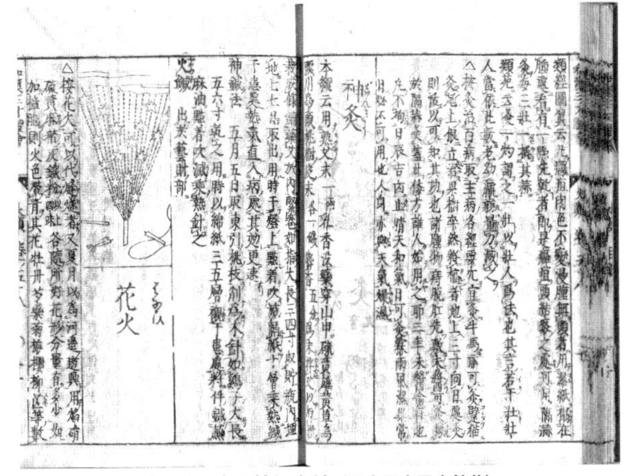

『和漢三才図絵』より（国立国会図書館蔵）

「花火は蜂火（のろし）の代替にできるもので、夏の川辺での楽しく遊興できると考えられる。硝石　硫黄、麻炭、鉄粉の四成分を用い、おのおの好みに応じて分量を調整する。多少樟脳を加えると火は青色を帯びる。その種類には牡丹、芍薬、菊、梅、桜、柳、すすきなどがあり、その製法は家伝秘法としている。

線香花火は、稗（ひえ）の芯を硝石の溶液に入れて煮てから乾燥させ、鉄粉の代わりに檀香（しきみ）を入れた四成分を配合した火薬に飯糊で混ぜて稗の芯に塗薬する。

ねずみ花火は、長さ約9 cmの葦の管を用い、これに火薬を入れて作る。火を付けるとたちまち喞喞（しょくしょく）（虫の泣くさま）と音を出して走る。子供はこれで遊ぶ」と記されている。ねずみ花火の作り方は、本によって異なるようだが、花火の原料に使われた材料はほぼ一致している。初期の花火の作り方が分かり、興味深い。

巻第20兵器、防備の「烽燧」の項に、「狼煙（のろし）（烟）の花火」についての記述がある。

この花火には、昼と夜の狼煙がある。竹の筒に絹一端を入れておき、打ち上げて絹を飄々として飛ばすものを昼の狼煙といい、流星のように大きく、その尾光が長く延くのを夜の狼煙という。これらは軍中に急いで合図する方法としている。狼煙と花火の密接な関係をうかがわせる18世紀初期の記述である。

（畑中）

2-8　江戸時代の花火(2)　打ち上げ花火の隆盛

打ち上げ花火は、一般に花火玉を打ち上げ筒から火薬の力で上空に打ち上げる。発射と同時に花火玉に取り付けた導火線に着火して延時する。上空で花火玉内部にある「割り薬」と呼ぶ破裂薬に導火線の火から着火して、その力で同じく内部にある「星」と呼ぶ火薬玉にも点火して周囲に放出し、光で造形する。星の代わりに小さな花火玉、あるいは旗などを放出してもよい。しかし、ロケット推進で上空に上げても同じ効果は得られる。これが「流星」である。

1712年（正徳2）頃出版された百科事典『和漢三才図会』のことは「記録を見る」に記述した。この図会巻第58火類に「花火」の項があり、流星、ねずみ花火と線香花火の記載がある。この本の成立から考えて17世紀の花火は、おもちゃ花火程度であり、打ち上げ花火に該当するものはなかったと思われる。この「花火」は花火師の花火といえる。

同じく巻第20兵器防備類に「狼煙（烟）の花火」の項についても「記録を見る」記述した。これは、武士の花火といえる。

ここでは、「浮世絵に見る花火」や「花火に関する出版」の項と、鮭延の「花火日本史」、河野の「花火の歴史と文化」を頼りに打ち上げ花火の隆盛をみよう。

この項では、「合図」と「相図」は出典を尊重して統一せずに記す。

1）花火師の花火

江戸初期の花火は手持ち吹き出し花火程度であるものが、玉火と呼ばれる打ち出し花火になり、やがて流星を使った上空高く上がる花火や打ち上げ技術により江戸末期になると上空高くまで打ち上がるようになる。その様は、多くの高名な浮世絵師が打ち上げ花火を描いて残している。しかも、打ち上がる高さは、武士の花火とほぼ同じであることは興味深い。

この項では花火師を武士と対峙させているが、浮世絵に見る花火師は帯刀していることがあるから、対峙させることは適当ではないかもしれない。

2）武士の花火

平戸藩第9代藩主松浦清（号は静山）が書いた『甲子夜話（かっしやわ）』31に摂州（摂津国）尼崎の花火についての記述がある。その概要を次に記す。

「松浦清が大坂に滞在している時に、尼崎の昼と夜の相図の内容を書いた番組表を貰った。1789年（寛政元）の昼の相図は、5寸玉については木筒を使い、白い煙を出す煙柳、20mの絹を上げる白龍などを打ち上げた。夜の相図の他に番外として、庭月、両曜、七曜、大乱星などを打ち上げた。これらは、今江戸で流行しているものと比べても、レベルが高く武家の火術といえる」

この資料について鮭延は、番外の花火は合図の範囲から外れて観賞用の花火として見てよい名称であり、武術の火術から打ち上げ花火への変換を示す貴重なものとしている。

同じく『甲子夜話』28には、一橋一位亜相卿（11代将軍徳川家斉の実父徳川治済）が1804年（文化元）に、隅田川三股のあたりで観覧した花火の番組表が記されている。花火順について70番までの花火番組がある。「一番　流星　柳火から」打ち出しや流星が次々と打ち上げられた。注目すべきは、打出しや流星以外の花火として次のものがある。

　12番　打揚　光雷鳴
　20番　カラクリ　十二灯明替挑灯（提灯）
　69番　水中カラクリ　飛乱虫

「打揚」の名称が使われたのは、この時が初出である。

江戸末期の旗本宮崎成身が記録した「視聴草」の初集5に、「崎人狼烟」と題した花火番組表がある。1821年（文政4）、江戸佃島海上において長崎代官高木作右衛門の次男道之助が行った相図についての記録である。

昼の合図として、紅白旗や青龍白雲など布を空中に上げて浮遊させる「旗物」のほかに、筍、雙鯉（双鯉）、象、唐船、紅毛船、蜈蚣（むかで）、鶴亀など紙で造形され空中を浮遊する「袋物」と呼ばれる昼花火が多数混じっている。また、夜の合図にも、夜明簾、相生火、七曜、柳火、金銀星、二段発、雷鳴、玉昇星、吹雪、八段発などがある。これらについても、鮭延は「昼夜ともに火術、合図というより火芸の範囲に入ってしまっている。火術の花火とはこのあたりで一体となってしまったと考える」と評している。

同じ「崎人狼烟」の中に1830年（天保元）、江戸佃島海上において長崎鉄砲方高木内蔵助が行った相図についての記録もある。この時の番組表も前述のものとほぼ同じ内容である。

武士の花火についての記述は、いずれもほぼ19世紀以降のものである。秘伝書の出版が多くなる時期とも一致している（「花火に関する出版」の項参照）。また、旗物と袋物が存在していたことが判明しているが、旗物は「狼煙の花火」にも記載があり昼の合図の原点といえる。「袋物」は明らかに合図というより火芸であり、19世紀になって武士が創った観賞用の花火であろう。

「海外を渡った花火」項の平山花火「昼花火」の特徴は、袋物であったことを参照いただきたい。明治になって外国で日本の名を挙げ、外貨を稼いだ日本の産品のひとつは武士の花火であったといえる。

江戸花火の研究家福澤の研究では民間の花火師が大名屋敷に出向いて花火を拵えることもあったというから、江戸時代に大衆文化となった花火は花火師の花火と武士の花火が融合してできたものと考えられる。

3）打ち上げ花火の隆盛

ノエル・ペリンは、その著書『鉄砲を捨てた日本人』の中で、戦国時代が終わると当時の最先端兵器火縄銃をあえて捨てた日本人の姿を述べている。筆者は、そこに火術や砲術が江戸時代の花火文化を産んでいく日本人のイメージを重ねることができた。

戦国が終わり泰平の世に鉄砲を捨てた武士は庶民と一体となって花火作りに勤しむようになっていった。一方、手持ち吹き出し花火から始まった庶民の花火師花火は、じょじょに打ち上げ花火へと技術発展していく。そこで観賞の要素を取り入れた武士の花火と融合して日本の打ち上げ花火となったと思われる。そして、打ち上げ花火は平和の象徴として江戸末期に隆盛したのだろう。（畑中）

2-9　江戸時代の花火(3)　隅田川の花火

隅田川の花火ほど、文章や浮世絵などの記録が多い花火はないであろう。また歴史的にももっとも古く貴重であると思われる。多分に当時、世界的に稀有なメガ都市「江戸」で行われた人気ある年中行事であることと、江戸幕府の後ろ盾があったからではなかろうか。

しかしながら、日本の花火の歴史が体系的に記述された鮭延の論文「日本花火史」には「両国の花火のはじまりは余りにはっきりしていない」と書いている。両国橋と川開き花火をキーワードに隅田川の花火を見よう。

1）両国橋がかかるまでの花火（1603～1661年）

『江戸名所記』（1662年刊）によれば、隅田川河口部の三俣は浅草寺や富士山などの名所が見渡せる絶景の場所であり、夜の舟遊びでは8月15日に限り花火が許されたことが書かれている。そして1649年（慶安2）の触れでは、8月15日夜河口で花火をすることを禁じていたことを、福澤徹三は研究論文「近世前期の江戸の花火について」の中で述べている。

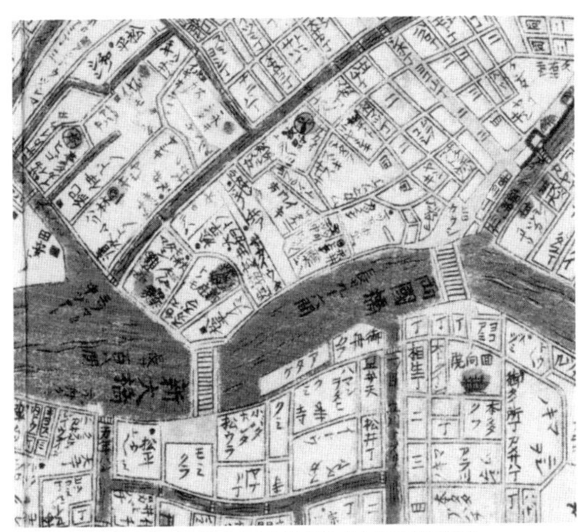

「弘化改正御江戸大絵図」より両国橋周辺
（国立国会図書館蔵）

このことより徳川幕府が開かれた1603年（慶長8）から両国橋が架けられた1661年（寛文元）の間にも、深川新大橋の下流の隅田川河口付近では中秋の名月8月15日にすでに花火が行われていた。それも触れを出して花火を禁じなければならないほど賑っていたようだ。1656年（明暦２）の触れで８月15日の花火見物をする者は喧嘩をしないように注意しており、当時、すでに花火見物する者もいたことを福澤は指摘している。

隅田川での舟遊びが本格的に行われだしたのは、江戸に幕府が開かれた後であり、屋根をつけた船で大名が遊女を伴って酒をくみ交わしつつ涼をとったのを始まりとし、３代将軍徳川家光の頃にはずいぶんと盛んになったらしい。

「大和五條の郊外篠原村（奈良県五條市）の弥兵衛は、五條の火薬工場へ奉公、吉野川の葦の茎に火薬を詰めて手持ち花火を考案した。この花火はたちまち評判となり飛ぶように売れるようになったことから、江戸に出た」と五條市のホームページには書いている。弥兵衛が江戸横山１丁目に鍵屋を構えたのは、1659年（万治２）である。

1657年（明暦３）１月に江戸城本丸も含めて江戸の大部分を焼き尽くした「明暦の大火」（いわゆる振袖火事）があり、多くの江戸市民が隅田川に逃げ道を遮られて焼死した。幕府はこの大火を教訓に両国に橋を架けて逃げ道を確保しようと考え、1661年（寛文元）に長さ約160mの両国橋を建設したのであった。武蔵国と下総国の２国を繋ぐことから両国橋といわれる。橋の袂には防災のため広小路が設けられ、両国の景色は一変、江戸の名所となった。また、夏には夕涼みの場所として有名になった。

2）川開き以前の花火（1661 ～ 1733年）

両国橋が架けられたことによって隅田川の納涼は一段と活況を呈し、多くの涼み客が下流の三俣あたりから、両国に集まるようになった。　市中でも花火を上げていたが、度重なる禁上令によって隅田川以外での花火が禁じられていたため、夏の納涼期には花火舟が出て、かなり繁盛していたようだ。

戸田茂睡が1683年（天和３）に書いた随筆『紫の一本（ひともと）』によると、当時の花火の光景が次のように描かれている。

「……両国ばしの上、御蔵前のあたりより下は三股になっていて、深川の河口、新川の河口を真ん中にしてかけ並べる舟は数千万という数になる。……花火船を呼んで、一艘貸切にして打ち揚げさせる、しだれ柳に大桜、天下泰平の文字うつり、流星玉火にぼたんや蝶や、葡萄に車火や、これは仕出し（仕掛け）の大からくり、ちょうちん立笠御覧あれ、火うつりの味わいは……」

かなり多くの種類の花火が使われたようである。花火研究家武藤はその著書『日本の花火のあゆみ』の中で、しだれ柳は流星、大桜は筒を何本か配列して派手に大きく咲かせ、蝶は筒を４本斜めに立てて中央に火の出ないところを見せる。葡萄は長い丸太の先に筒を逆さにつけて下に咲かせる。天下泰平の文字うつりは近江八幡・篠田の花火（「江戸時代の花火大会」参照）のような文字仕掛と解釈している。その他の種類や構造については「花火に関する出版」を参照いただきたい。

当初の夕涼み花火は、今でいうところの手持ちおもちゃ花火のようなものであろう。花火を売る花火舟が屋形船などの間を漕いで回り、客の注文に応じて花火を上げていたようだ。

3）両国川開き以降の花火（1733～1867）

1732年（享保17）に西日本一帯でいなごの大群が発生するなど、全国的な凶作となって大飢饉が起こり、さらに疫病がはやり多くの死者が出た。これを重く見た８代将軍徳川吉宗は、その犠牲者の慰霊と悪病退散を祈って、翌1733年（享保18）５月28日に隅田川において「水神祭」を挙行した。この折に、両国あたりの茶屋が公許を得て慰霊のため仏教行事「川施餓鬼」を行い、花火を上げたという。これ以降、川開きの初日に花火を打ち上げるのが恒例となったといわれている。

この川開き花火の花火師は、６代目鍵屋であった。打ち上げた花火はわずか20発内外といわれ、その費用は船宿と両国あたりの茶屋などが拠出した。そのためこの花火を「茶屋花火」と呼ぶ。花火を上げたと書いたが、当時の浮世絵に描かれた花火を考えると、打ち上げ花火とは言い難く、打ち出し花火というほうが正しいであろう。

この打ち上げ数の少なさについて、武藤は次のように書いた。

一夜にたった20発しか上がらない花火が江戸の名物となり多くの人を集めたので、「夏の涼みは両国の出船、入船、屋形船。昇る流星、星下り。玉屋がとりもつ縁かいな」と端唄に唄われた。というのは打ち上げの間があまりにも長いので、恋人同士、酒を酌み交わすだけでは間がもたず、ついつい結ばれてしまった、というわけである。

川開き花火に刺激されたか否かは定かでないが、隅田川沿いに屋敷を構えた大名たちは、お抱えの火術家、砲術家に花火を上げさせて楽しむようになった。

水神祭りから始まった両国の花火は、やがて賑わいを呈するようになって、江戸の夏を代表する風物詩になっていく。

1838年（天保９）に江戸で刊行された『東都歳時記』には、川開き花火の華やかな賑いを表現した次の記述がある。

「両国橋の夕涼みは５月28日より始まり８月28日に終わる。また、茶屋、見せ物夜店の始めにして、今夜から花火が揚がり、連日連夜貴賎（群衆）の人々が集まる。……日も暮れてゆくと、茶店の軒下の灯りが数千歩にわたって映り、暗くならない国にいるような感じがする、縷船（屋形船）の灯りが水面にきらめいて、金龍の影のように見え、絃歌がどっと涌いて、空の雲の動きが止まり、たちまちに疾（雷音）がさかんに轟くので、驚いて首を挙げると、花火が空中で光り輝き……ここで遊ぶ人々（花火観客）には貴もなく賎もなく、一擲千金も惜しまないのももっともである、実に、宇宙で第一の壮観とも言うべきであり、鍵屋、玉屋の花火は今も変わらず。……1771年（明和８）から、中州の酒茶店を連ねたこのあたりで花火をあげて楽しむことができたが、出水（洪水）の危険があるので寛政（1789～1801年）の始め頃に、公の御沙汰（命令）が出て、中止となった」

『東都歳時記』には両国の賑わいと花火の情景が書かれている外に、隅田川の花火についての重要な知見が書かれている。第１は、夕涼みの期間は５月28日から８月28日まで期間が決まっていたこと。第２は三俣下流の中洲の茶屋あたりで花火をあげて楽しんでよかった時期があったことである。

寺門静軒が江戸末期の市中の繁栄ぶりを記した風俗書『江戸繁昌記』初編の

両国烟火には、花火の状況を次のように記している。

「花火は例年、5月28日（旧暦）の夜から始まり、7月下旬に終わる。晩になると花火船が竿をさして出て……川の両岸の茶屋があり、赤提灯は無数に輝き、観覧席の観衆は膝をすりよせ、踵をたたみ、橋の上の通りには人があふれ、橋梁（げた）が振動して橋が今にも陥落しそうである。……」といった賑わい方であり、両国は江戸の夏を代表する名所となり、多くの浮世絵や俳句に詠われるようになった。

夕涼みの期間は、5月28日から8月28日の3か月であるのに、花火の期間が5月28日の川開きから7月下旬の2か月弱と短くなっている。旧暦の8月は秋の感じが強かったのであろうか。

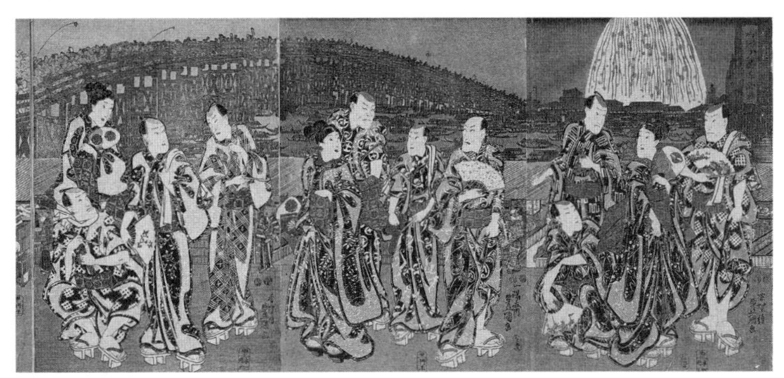

「両国夕納涼之図」（東京都立中央図書館蔵）

4）まとめ

隅田川の花火は、現在の花火大会と異なり5月末から2か月以上の間毎日客の求めにより上げた。江戸時代を通じて夕涼みから川開き花火と発展し江戸市民にとって『江戸繁昌記』のような賑わいを呈すようになり、江戸の夏を代表する風物詩になっていった。同時に、黒色火薬しか使えなかった花火の技術も武家の火術・砲術の技術と融合して、吹出し花火から打ち上げ花火へと表現の幅を拡げ、広大な空間を使うように発展していったようだ。　（畑中）

2-10　江戸時代の花火(4)　浮世絵に見る花火

浮世絵の特徴は、当時の流行を手頃なサイズに描き、肉筆画は別として木版で大量に摺刷したことにより、手頃な価格で販売できたことであろう。結果、庶民に広く親しまれ普及した。逆にいえば、浮世絵に描かれたテーマは、庶民に人気があったことになる。テーマを見ると、ブロマイドに相当する美人画、役者絵あるいは芝居絵などの人物以外に絵葉書に相当する名所絵が多い。花火をテーマとした浮世絵も、ほとんどの絵師が手がけたといわれるほど多く残されている。

南坊平造は、「浮世絵花火曼荼羅」（『火薬と保安』1981）で49人の絵師の103枚の花火浮世絵を集め、時代の変化と花火の発展を調べた結果を整理分析した。浮世絵に画かれた花火の研究は、この論文に始まるので、本稿を起こすにあたり最高の敬意を表したい。また、奥田敦子は、論文「浮世絵・花火の表現の変遷とその歴史的背景」の中で700点以上の浮世絵を収集し、花火の種類の変遷、玉屋の出現と後摺りの事例を研究したと述べている。

この２人の論文を縁に江戸時代を初期・前期（1600～1716年）、中期（1717～1789年）と後期（1790～1868年）に区分けて、時代を追って浮世絵を通して花火の変遷を見よう。

1）江戸初期・前期の浮世絵

浮世絵は、「見返り美人」で有名な菱川師宣によって、江戸初期の元禄年間に上方で始められたとされる。師宣は、それまで絵入本の単なる挿絵でしかなかった浮世絵

『浮世絵鑑 第１巻 菱川師宣画譜』より
（国立国会図書館蔵）

を、鑑賞に堪え得る独立した絵画作品にまで高めるという重要な役割を果たしたといわれ、しばしば「浮世絵の祖」と称される。1618年（元和４）生まれ、1694年（元禄７）没。

その菱川師宣が1691年（元禄４）に描いた「月次遊・川舟ノ花火」がある。墨一色の絵には、刀を差した弟子の花火師が舟の上に立って70cmくらいの柄のついた吹き出し花火を手に持ち、火焔は1.5mくらいに及んでいる。横に座った女性と反対側の男性が、これを一緒に見ている。その右側にある別の舟には、直径10cmくらいの輪の外方に30cmくらいの噴出の力で回る車火をしている師と思われる男性が描かれている。師宣は1657年（明暦３）に江戸に来て横山町付近の橘町、大伝馬町などに住んでいたといわれる。初代鍵屋弥兵衛より10～20歳年上であったから両者は交流があったかもしれないので、この花火は鍵屋のものかもしれない。

西川祐信（にしかわすけのぶ）は京都で活躍し、絵本を主に手がけ、当世風俗描写を主体としていたとされる。1671年（寛文11）生まれ1750年（寛延３）没。

祐信の『絵本常磐草』（1730年刊）の線香花火（拡大図）である。

『絵本常磐草』より
（国立国会図書館蔵）

女性３人が縁台に置かれた線香花火（スボ手牡丹）を覗き込んでいる。線香花火は、５本立っており２本に火がついて火花を散らしているが、残りの３本は終わった後と見える。

線香花火が画かれた他の浮世絵を調べてみる。「四条河原夕涼体」（1784年）という鳥居清長の有名作がある。京都料亭の庭で美少女が伏せ姿で線香花火に見入っている様を描いたと説明される。同じく清長の女風俗十寸鏡「線香花火」（1790年）では、縁台にいる３人の美女のうちの１人が、縁台の上に置かれた線香花火の１本を握っており、今から使おうとする様が窺える。

渓斎英泉も「線香花火」（1830～47年）を描いている。遊女の傍らで、子供が20cm位の火鉢の上で長手牡丹にみえる線香花火を弄び、その先でパチパチと松葉を飛ばしている。

2）江戸中期の浮世絵

歌川豊春は、歌川派の大祖。京で狩野派の鶴沢探鯨に学び、宝暦の頃江戸に下り、浮世絵に入ったとされる。1737年（元文２）生まれ、1814年（文化11）没。

「両国橋川開きの図」（国立国会図書館蔵）

豊春の「両国夕涼図」（1770年）である。両国橋の南から左に西両国、右に東両国をみた構図とされる。打ち上げ花火が約20mの高さに打ち上げられているが、軌跡を水面に辿ると花火舟がわかる。残念ながら玉屋か鍵屋かを示す高提灯の紋所は不明である。玉屋と鍵屋については別項を参照されたい。ちなみにその紋所は、玉屋は玉、鍵屋は加である。

鍬形蕙斎（くわがたけいさい）は浮世絵師北尾重政の門人で、1764年（明和元）生まれ、1824年（文政７）に没した。

「近世職人尽絵詞」の写し
（国立国会図書館蔵）

「近世職人尽絵詞」は、蕙斎1806年（文化３）の作といわれる。本図巻は白河侯松平定信の求めにより描いたもので、江戸における多種多様な職業に従事する人々を、軽妙かつ生き生きとした筆致でとらえている。

その中に、玉屋の提灯を掲げた花火舟に乗った花火師が、手持ち花火を上げている絵がある。1806年（文化3）は、玉屋が鍵屋から分家したとされる1810年（文化7）より4年早い。玉屋の前に玉屋があったとの説もある。話を浮世絵に戻そう。周囲に屋形船、屋根舟や猪牙舟などが囲んで花火を見ている。浮世絵と一緒に記載された文書の中で、花火の意義を説いた部分を引用する。

花火の価ハ水中に擲つに似たりといへともさにはあらし
玉屋鍵屋かふところに入らは又出て世にめくりつへし
しかのミならす　おのれひとりたのしむにはあらて
余多の人の目を歓はしむる徳は孤ならすして
隣国の下つ総にもおよひぬへし

朝倉治彦の意訳によれば、「花火のお金はもったいないと感じるが、それは間違いであり、そのお金を花火屋に預ければ綺麗な花火となって世の中に還元される。それは1人で楽しむものではなくたくさんの人々、そしてその恩恵は全ての地域万人に及ぶに違いない」となる。

「1両が花火間もなき光かな」という有名な句がある。花火がいかに高価であるかと謳った時代に、真っ向から対峙して、花火の経済的な意義を説明した卓見である。

歌川国満の「新版浮絵両国涼之図」(1818年) である。

赤い提灯を高く掲げた2隻の花火舟のうち1艘に、立った花火師が握った筒から、花火を両国橋より高く約

「新版浮絵両国涼之図」(東京都立中央図書館蔵)

20m打ち上げて、上空で火の粉が四方八方に広がっている。屋形船などに乗った観客が、花火舟のすぐ近くまで来て見ている。その規模は、今でいうおもちゃ花火の打ち上げ花火と同程度である。

3）江戸後期の浮世絵

歌川広重の「江戸名所・両国花火」(1839～43年）である。

この浮世絵について南坊は、「西天に打上花火100発ぐらいずつ２群、東天に虎の尾が３つ打上げられている。高さは30から50mくらいと思われる」と述べている。奥田は、左から流星、打ち上げ花火のポカ物と雨としている。

「両国納涼花火ノ図」（国立国会図書館蔵）

1796年（寛政８）に町奉行所に呼び出された鍵屋は、打ち上げる花火の高さについて24間（約45m）と答えている。現在は３号玉でも約100 m打ち上げることから考えると、この頃の打ち上げ花火の高さは、現在の半分程度であったと思われる。

忘れてはいけない広重の名作に、「名所江戸百景　両国花火」(1858年）がある。誇張されているとはいえ、上空高く打ち上げられた花火を中心に描き出し、小さく両国橋と夕涼みの船を配置した構図は、日本の花火の美を描き出した傑作と思える。

江戸時代の花火を唯一の画像である浮世絵を通して眺めた。有名な浮世絵師が競って、テーマとして両国花火と川開きの風俗を描いた。そのため、江戸時代の花火の発達が正確に記録されたことは、後世の人間にとって大変幸せなこ

「名所江戸百景　両国花火」
(国立国会図書館蔵)

とである。江戸の打ち上げ花火は、江戸末期になって、ようやく50m以上の高さまで打ち上がるようになったのである。　　　　　　　　　　　(畑中)

2-11　江戸時代の花火(5)　花火に関する出版

花火には火薬が使われており、必然的に火術、砲術と密接な関係にあったと推測される。花火においては技術の最高機密は秘伝とし、「一子相伝」として長男にのみ伝える、しかもとくに重要な部分は口伝として記述しない形式を採って技術流出を防いだ。

埼玉県立川の博物館が2003年（平成15）に開催した特別展「花火」に際して出版した本に、花火についての秘伝書が多く掲載されている。そして、「現在残る秘伝書は、その多くが1790年代以後に書かれたものだ」と結論している。

秘伝書の中でももっとも有名なものは、1817年（文化14）に大坂で出版された利笑作『花火秘伝集』である。詳細に見よう。

1）はじめに

『花火秘伝集』の冒頭には、「春は花、秋は月、冬は雪、これらは景物の第一である。今これらに花火を入れて夏の景物とする。花火は水面に映え、衆人の喝采は武蔵、総州に響き渡る。花、もみじ、月、雪の風情を一度に見るようである。しかしながら、その技は世間では知られて無いから、この小冊子を表し、世の宝とする」とある。ここに、日本の四季の風物詩として花火が、初めて謳われたのである。

挿絵には両国納涼図が収録されている。両国橋付近の隅田川に浮かぶ花火舟の上で行われる手持ち花火と納涼船が描かれている。

『花火秘伝集』より（国立国会図書館蔵）

各論として、庭のような狭いところでできる「庭花火」25種と打ち上げ花火やロケットである「上げ物」11種の原料と調合割合、製造方法が記載されている。

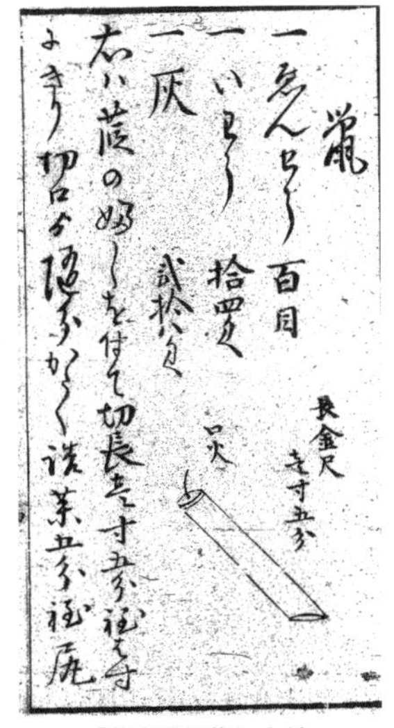

『花火秘伝集』より
（国立国会図書館蔵）

「庭花火」には、ねずみ、手牡丹や朝顔といった現在でもおなじ名前があって興味深い。また、蜻蛉（かげろう）、都わすれや武蔵の萩など情緒的な名前もある。「上げ物」にも、虎の尾、綱火などのおなじみの名前と、水玉や品蜂など全く意味不明な名前もある。代表的な花火について、数種ずつ説明する。

2）庭花火

「ねずみ」の調合割合は硝石100、硫黄14、木炭28（重量比）とある。長さ4.5cmの節付きの葦に、切り口から約1.5cmに火薬を固く詰め、底を綿でふさぎ、節のところを錐で孔をあけ、1cm位の導火線（口火）を差し込んで作ることが記されている。

現在のねずみ花火は、火薬を紙に撚りこんでリングを作る「舞ねずみ」であり、当時の鼠花火は「筆ねずみ」（「おもちゃ花火」項参照）に近くずいぶんと異なっている。これがねずみ花火の祖先であろう。

「手牡丹」の調合割合は、硝石100、硫黄6、木炭8、鉄粉3.5とある。半紙を4.5cm四方に切り、箸に硬く巻き、半分を押しつぶし、半分にかたく薬を詰めて作る。鉄粉を入れると火花がよく出ることが記されている。

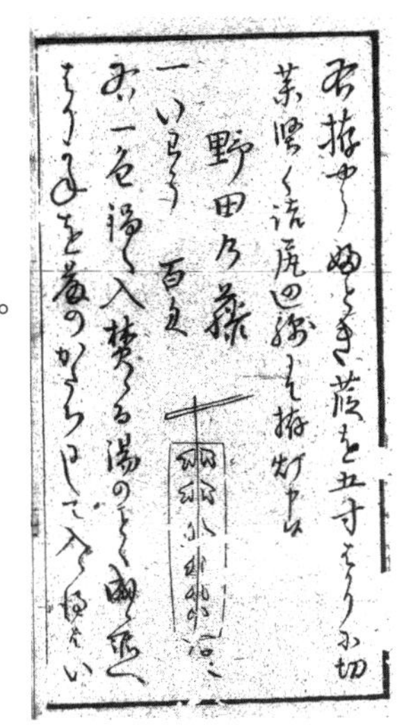

『花火秘伝集』より
（国立国会図書館蔵）

現在の手持ち吹き出し花火には、同じ現象のものがない。これは、ただし書きにあるように、黒色火薬に鉄粉を入れると鉄粉が錆びて火花が出なくなるためである。

「天車」の調合割合は、硝石100、硫黄14、木炭30とある。作り方は､15cmの葦に火薬をかたく詰め、底を綿で塞ぐ。

使い方が書いてないので図から考えると、導火線に火をつけて柄をもって回転させ、葦から吹き出す木炭の火の粉で円を描かせるのではないだろうか。

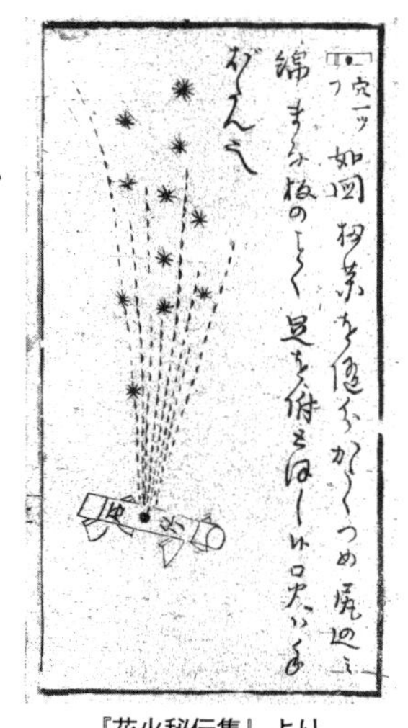

『花火秘伝集』より
（国立国会図書館蔵）

「石竹」の調合割合は、硝石100、硫黄14、木炭35、鉄粉45とある。15cmの節がついた枯れた竹に穴をひとつあけ、火薬を固く詰め、底を綿で塞ぎ、まな板のように足をつける。導火線の代わりに手牡丹をつけて作る。ちなみに石竹とは、唐ナデシコのことであり、平安時代から日本で栽培されている植物であるので、もしかすると中国から伝わった花火かもしれない。

使っている状態の図では、地上においた石竹から勢いよく上方に鉄火花が噴出している様が描かれている。

3）上げ物

打ち上げ花火やロケットがある「上げ物」の部の冒頭に、上げ物は庭花火と異なり、両国かあるいは大川（隅田川）で楽しむのがよい。岸から約40m離れて燃やすように定められていると注意書きしている。

揚薬の調合割合は、硝石100、硫黄13、木炭17とある。作り方は、この火薬は打ち鍛えると、強くなるので、竹に詰めて鉄槌で打ち固めてから竹を割って取り出して小刀で刻んで小さくするとある。調合割合は、現在の使われている揚薬に近いが、作り方は、ずいぶんと乱暴で危ないようである。

篠原弥兵衛は奈良から江戸に出てきて、葦の管に火薬を詰め玉の飛び出す花火「玉火」を作って評判をとり、鍵屋をなした。この有名な「玉火」の記述がある。

調合割合は、硝石100、硫黄35、木炭7.5、樟脳7であるが、玉火の作り方には秘伝があるとされており、記述のみでは作れないことを示している。

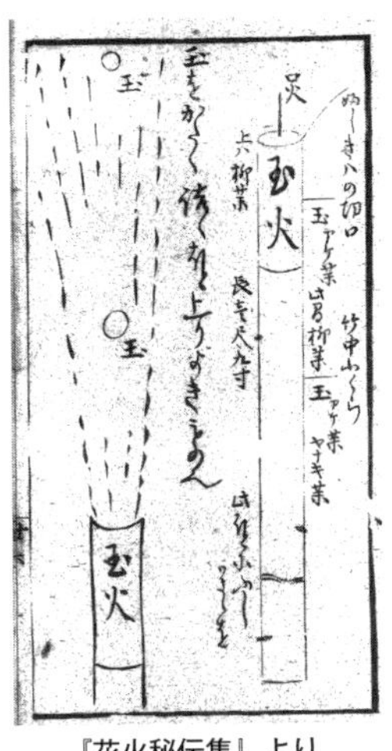

『花火秘伝集』より
（国立国会図書館蔵）

作り方の概要は次のようになる。薬研（やげん）を用いてすり潰したのち、竹に火薬を入れて打ち固めて、固まった火薬を竹から取り出して玉を削り出す。50cm位の節が付いた枯れた竹を青麻で強く巻き、長さ30cmの葦を竹の中に入れ、綿を固く詰める。その上に火薬を1.5cmほど詰め、玉の大小に応じて揚薬を調整して入れる。その上に切り口にあった玉をゆっくりと入れる。高いものでは十数mまで打ち上がる。

さらに、玉と火薬を同じように詰めて玉を2個とすることもできる

現在のおもちゃ花火で相当するのは乱玉であろうか。葦の代わりに紙筒で作られており、玉の数も多ければ30個も入っている。

2番目は、「縄火」すなわち「綱火（つなび）」である。調合割合は、硝石100、硫黄14、木炭23となっている。長さ約25cmの紙筒に火薬を入れて突き固める。この紙筒を2本作り、綱を通した竹筒と紙筒を紐で縛る。1本の紙筒に導火線を付け、その反対ともう1本の紙筒を導火線でつなぐ。

導火線に火をつけると、1本の紙筒の火薬が燃えて噴射し綱に沿って走る。燃え尽きると、導火線からもう1本の紙筒の火薬が燃え出して反対方向に戻ることになる。

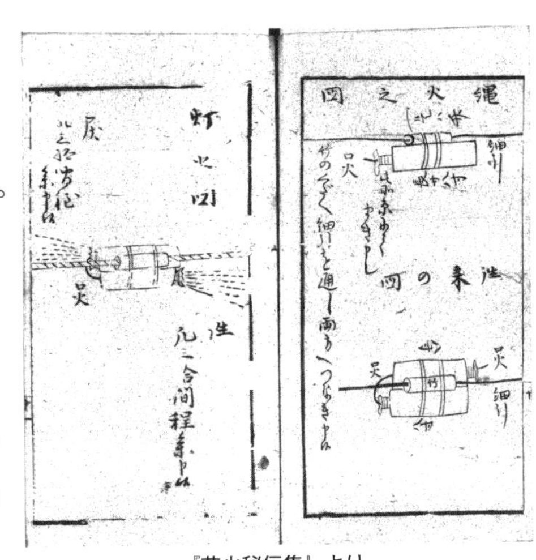

『花火秘伝集』より
（国立国会図書館蔵）

図の右上は側面図、右下は平面図、左は燃焼中の状態であるが両方の紙筒から噴出する様を描いている。しかしこれでは動かない。

現在も「綱火」として各地の伝統花火として残っている。これよりはずいぶんと小さいが、おもちゃ花火にもおなじ現象の「ケーブルカー」花火がある。

関ヶ原の合戦で石田三成が使った狼煙(のろし)は流星であったといわれている。『和漢三才図会』の「狼煙花火」も17世紀の花火であるから、おそらく流星であろう。この秘伝集にロケット「春流星」の記述がある。調合割合は、硝石100、硫黄12、木炭27.5とある。

厚紙で筒を作り、火薬を固く詰めるとあるが、作り方は口伝とあるので詳細は不明である。この花火を使用する時は、専用の発射台にかけて点火する。この花火は風が激しいと横に流されるので、風がない時に使用すれば、高さ30m以上上がるように書いている。

以上、家先で使える「庭花火」と舟に乗って岸から離れた場所で使う「上げ花火」の例を見た。『花火秘伝集』に記載された花火を、現象によって分類してみよう。

①パイプから種々の火花・火の粉が吹き出す噴出花火には、手牡丹、大牡丹、柳薬、都わすれ、武蔵の萩、秋の白菊、三国一、虫尽、蜻蛉、蝶火、石竹や大梨があり、この中のいずれかを吊り下げたカラクリにした天車、野田の藤や朝顔もある。②地上や綱に沿って走行する花火には、鼠や綱火がある。③飛翔する花火は、春流星のみである。④火薬そのものや回転する筒をパイプから打ち上げる花火には、玉火、蜂火、花玉、水玉や虎の尾があり、それを束ねた花火に品玉、品蜂、品虎がある。

現在の花火の種類と比較すると、まず回転花火がない。回転軸を持つ竹・木でできたリングに噴出花火を取りつければ、回転花火はできるので、意図的か否かは不明だが、回転花火が採録されていないだけで存在しなかったわけではないはずだ。もうひとつ、音や煙を出す花火がない。これらの花火の登場は、西洋から塩素酸カリウムがもたらされる明治を待つしかない。

江戸花火の研究者福澤は、現存する最古と考えられる秘伝集「孝坂流花火秘伝集」(1706年) を調べて34種の花火が書かれているとしたが、噴出花火と流星に分類されるとしている。

今の法律に従って分類すれば、使われている火薬は、すべて黒色火薬である。その原料は、硝石 (硝酸カリウム)、硫黄、木炭、鉄粉と樟脳しか記載がない。硝石、硫黄と木炭は黒色火薬の主成分であり、鉄粉は鉄火花を生じさせるためであり、火薬の常識でいえば火炎の温度を上げることはない、むしろ火炎の温度を低下させる。樟脳を使うのは、炎の色を青くするためといわれている。しかしながら、現在の青色の火炎を想像してはならない。江戸時代は、暗闇に僅かに蝋燭の灯火が点々と存在する中で、ひときわ明るく輝く花火が人々に非日常を実感させる光芒の時代であった。　(畑中)

2-12　江戸時代の花火(6)　砲術（火術）との関係

江戸の花火と砲術（火術稽古）との関係については、福澤がまとめてすみだ郷土文化資料館だより『みやこどり』に報告しており、それを中心にして以下に記載する。

1）狼煙

狼煙は古代以来の日本で行われていた「とぶひ」の系列のものであるが、火術稽古とは18世紀末以降に行われた、狼煙を発展させた技術のことである。わが国最初の図説百科辞典『和漢三才図会』には、「狼糞の烟気直に上り、烈風有りと雖も斜ならず」とあるように、いつの頃からか烽燧に狼の糞を混ぜて使うようになり、鎌倉時代からの「のろし」を狼煙と書くようになる。

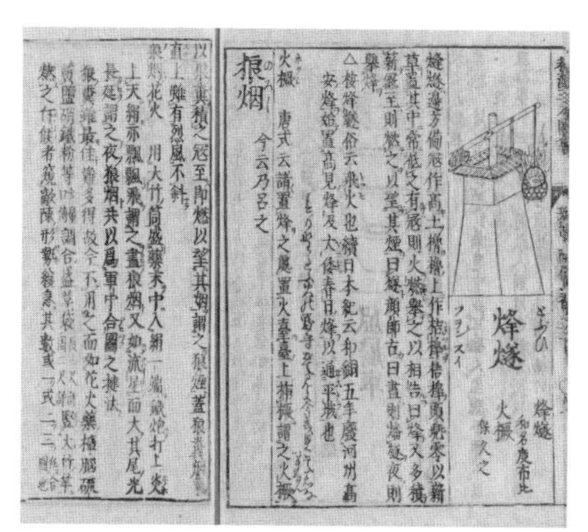

烽燧『和漢三才図会』（国立国会図書館蔵）

2）17世紀の狼煙と花火

『徳川実紀』には、3代将軍徳川家光が1640年（寛永17）に「酒井讃岐守忠勝が別業へならせられ　鞭討　鉄砲　花火　乗馬御覧あり」という記事が残されており、これは軍事技術としての狼煙の訓練としてだけではなく、観賞用の狼煙花火を楽しんだと思われる。この頃の狼煙は目立たず、技術的発展を伴わないで砲術担当の武士によって密かに技術が継承されたものと考えられる。

3）18 世紀前半の狼煙と花火

武士による狼煙は、8代将軍徳川吉宗が武芸奨励の一環として砲術にも力を注ぎ、紀州藩士佐々木孟成を1725年（享保10）鉄砲方与力に、1738年（元文3）には大筒役に就任させた。吉宗は遠方への情報伝達手段として狼煙の技術にも注目。技術的にそっくりな狼煙と花火は、ともに大筒役など砲術方が担当し、上覧に備えて技術を磨いていったと考えられる。

1756年（宝暦6）矢野専治安盛（あさか）は砲術家で、淡路の洲本出身（生没年未詳）であり、安盛流火薬書を表している。西沢は『日本火術薬法之巻』の中で「花火書として之を見れば、最も古く完成されたものとして稀なる貴重品である」と述べている。

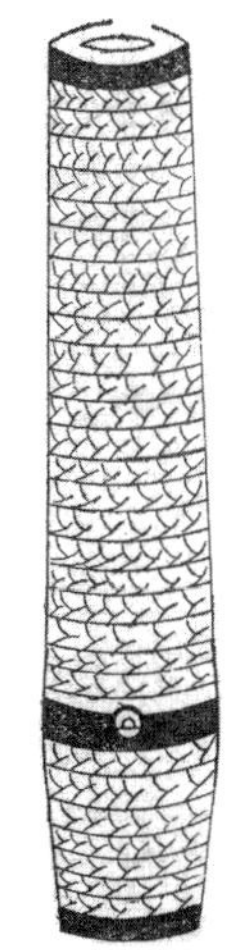

安盛流火薬書
木筒図（『日本火術薬法之巻』）
（国立国会図書館蔵）

安盛流火薬書の中に、相図玉火の火薬組成として硝石10匁、硫黄4匁、樟脳1匁5分、木炭6分との記載があり、竹製の筒挎の図も記載されている。さらに火器について木筒挎と台車の図があり、花火の打上げ筒の原型ともいえる。

これらのことから鮭延は「日本花火史」の中で、打ち上げ花火の出現を1700年代としているが､武藤は『日本の花火のあゆみ』の中で､松浦静山の『甲子夜話』の記録から1750年（寛延3）以降と唱えている。

4）18 世紀後半の火術稽古と花火

1773年（安永2)、10代将軍家治は狼煙を浜御殿で上げさせており、これを担当したのは、佐々木孟成の孫にあたる大筒役佐々木成有で、「爆烽（烽火・狼煙）の術をなせしをもて銀を賜ふ」とある。

また、1779年（安永8）にも同様に浜御殿で狼煙を試している。そしてこの時期、ロシアとの緊張が高まると海岸防備の必要から、ふたたび武芸・砲術が注目されてくる。老中松平定信が将軍補佐に就任した直後の1788年（天明8)、さっそく狼煙の稽古が行われた。この頃になると、狼煙よりも「昼夜の相図」「昼夜火業稽古」「昼夜火術稽古」といった用語で表現されるようになる。

この火術稽古の様子を物語るものとして、『甲子夜話』の中に「近年挙火と云ふこと流行して昼夜の相図様々の状を成し、官に請て佃島沖に於て舟停し、其技を試ること春秋の常典となれり」との記述があり、火術稽古が恒常的に行われるようになったといえる。

また、花火の上覧は1782年（天明2）に10代将軍徳川家治が江戸城内吹上御庭で行っている。11代将軍徳川家斉も大納言時代の1772年（安永元）と1775年（安永4）に江戸城西の丸山里御庭で上覧している。なお、1773年（安永2）の大筒役佐々木成有による狼煙上覧は、将軍家治が隅田川で船遊びを行い、両国橋のほとりで「歩行七十五人水およぐを観給ふ」のち、「ことはてて浜の御館にいこ（憩）はせらる」中で行われたもので、火術稽古と花火の境界が非常に曖昧なものである。

5）19世紀の火術稽古と花火

19世紀には、砲術家たちがどのような技術を伝承したか、体系だって理解することができる技術書が残されている。在心流火術と南蛮流火術は、打ち上げ花火の技術と酷似した技術を持ちながらも、なお遠方への情報伝達の手段としての狼煙技術の伝承にも重きを置いていたことがよくわかる。　（栗原）

2-13　江戸時代の花火(7)　江戸時代の花火大会

諸大名が江戸屋敷、あるいは隅田川で花火を上げていたことは、隅田川の花火の項で述べた。これらの諸大名は当然地元でも花火をしていたことは容易に推測できる。それ以外にも江戸時代に花火が有名な地方がある。鮭延の論文「日本花火史」、武藤の「日本の花火のあゆみ」と『古事類苑』を頼りに江戸時代の花火大会を見よう。

1）三河吉田の花火

三河はいわずと知れた徳川家康のホームグランドである。そのため火薬の取扱いに寛容な特別な地区であった。

『南総里見八犬伝』の著者曲亭馬琴は、『羇旅漫録』（1802年刊）に三州吉田の天王祭の花火を記した。豊橋市関谷町吉田神社の祇園祭の花火である。

『三河国吉田名縦綜録』より、打ち上げ花火
（原資料個人蔵。『豊橋市史史料叢書４』より転載）

恩田石峰が1806年（文化３）に吉田の花火を描いた『三河国吉田名縦綜録』の絵図である。中央が建物花火（後述)、右上に花火が上がっている。

馬琴の筆を借りて花火の様子を記す。

「三州吉田の天王祭は６月15日、今日の花火天下第一と称す。大筒と称するもの（立物という）２本の周囲数十尺､高く櫓を組みてこれを据る。其の外種々の花火あり。(大筒の資材は城主よりこれを出さる)　各々桟敷をかまえて之を見

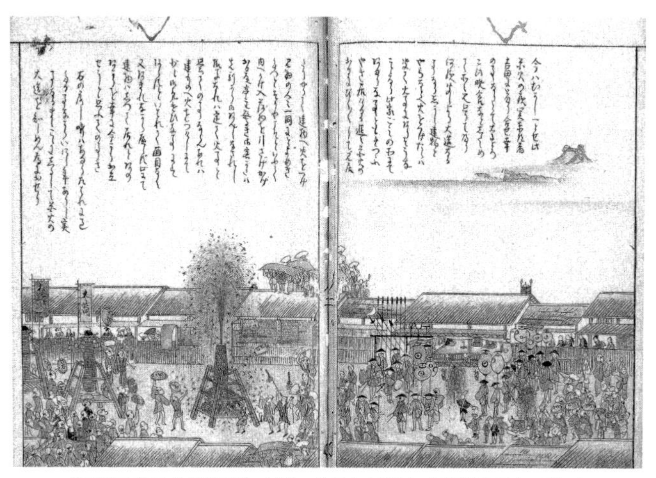

『三河国吉田名蹤綜録』より。吉田とは現在の豊橋のことである
（原資料個人蔵。『豊橋市史史料叢書4』より転載）

る。又近国よりも見物に来るものあり。……この夜屋上或いは簀子の下に火こぼれかかりたりとも、火難の憂いなし。是氏神の加護によると言い伝えたり」

当時、江戸では火災を憂いて、花火の禁令がたびたび出されていたが、三河吉田では城主の原料提供と、「火難の憂いなし」といった神への信仰心とによってますますその全盛をきわめた。上図も恩田石峰の絵図である。路地の中央に大筒、そして屋根の上で莚をかぶり火を除けて花火を見る人々が描かれている。

この吉田の天王祭（祇園祭）について「吉田神社略記」には次のように述べられている。

「花火は1560年（永禄3）に始まった。最初は流星、手筒が上げられ、さらに建物綱火等増えてきた。城主の庇護の裡に次第に研究され、建物が大きくなったのは1700年（元禄13）、手筒を大きくして大筒といったのは1711年（正徳元）。さらに大きくして台上に緊縛するようにしたものを大筒と言い直した。建物は長さ20mの長柱に幅5mぐらいの機翼を設けて菖蒲等の種々の花火を仕掛けたもの。綱火は町の両側に吊るした。そのほかに乱玉、金魚、銀魚や仕掛花火がある。例祭は7月13日から15日であり、祇園祭という。13日と14日に花火がある。」

1720年（享保5）頃、松井嘉久が著した『東海道千里の友』にも、「大花火あり」と記述されており、当時の吉田の花火が国中に拡まっており相当大規模の花火が催されたことがうかがい知られる。

ここに記した手筒や大筒は今でも見ることができる。「建物花火」「綱火」は、吉田の花火では見られなくなったが、「建物花火」は豊川市の兎足神社の風祭りで見ることができ、「綱火」は同じく豊川市の進雄神社が有名だが、その他近郊の神社でも見ることができる。

2）清須花火（尾張）

清須は名古屋の西側に位置する信長の居城清洲城があり、織田家ゆかりの土地である。鮭延は清須花火について尾張春口井郡牛頭天王社の花火として、次のように記している。

「尾張名所図会」（国立国会図書館蔵）

「牛頭天王社の祭礼について書かれている。祭は6月24日に挙行され社の傍を流れる稚川（おさながわ）をはさみ両岸から川の中に水楼のようなやぐらをつき出してつくり、そこに花火の筒をおいて業を競った。水楼には家々の定まった吹き流しをたて、風になびかせながら花火を揚げている様子が画かれている」

南坊平造は「浮世絵花火曼荼羅抄」の中で、この図会を尾張藩士で画家の小田切春江の1844年（弘化元）作とした。同図会によれば、この例祭は織田家の大祭で、花火は1611年（慶長16）以前、織田信雄在城（1564～87年）の頃からの歴史あるものらしい。車楽（だんじり）舟の2階の屋根の手筒花火と爆竹、浅瀬の仕掛け花火７か所、川岸小間座の立花火、中天に打ち上げ花火など、その規模は当代の江戸花火の遠く及ぶところではなかったようだ。

3）大坂天神祭りの花火

鮭延は、「徳川時代の大阪の花火については記録が残念ながら少ない」として、大坂町奉行に在職した久須美祐雋（くすみすけとし）が1856年（安政３）から1863年（文久３）までの歳時記を記述した随筆『浪花の風』を次のように引用している。この随筆の中で、大坂を初めて「天下の台所」と表現したとされる。

「６月より７・８月頃には、大川にて花火があるが、上ヶ初川開き等と別段定めていないが、大概６月25日の天神祭りの夜は必ず花火がある、それ以外は定まりなく、炎暑の頃には毎晩のように、少々ではあるが上げることがある、されども何日に大花火等と日を定め、前々より茶店などに書付（張り紙）等出すことはまれなことである、以前には涼船が出る頃は、花火商い船も、食物売り船と一緒に出て行って、縷船（屋形船）等を見掛けて漕ぎ寄せ、花火を上げることをすすめ、その場で２、３本或いは５、６本などと商い、直ちに上げたのでからくり等と言えるものは少なく、それゆえ多く揚げることはまれであった」

隅田川の夕涼み同様に「花火舟」や物売り舟が屋形船目当てに出て賑わってわっている様子が描かれている。

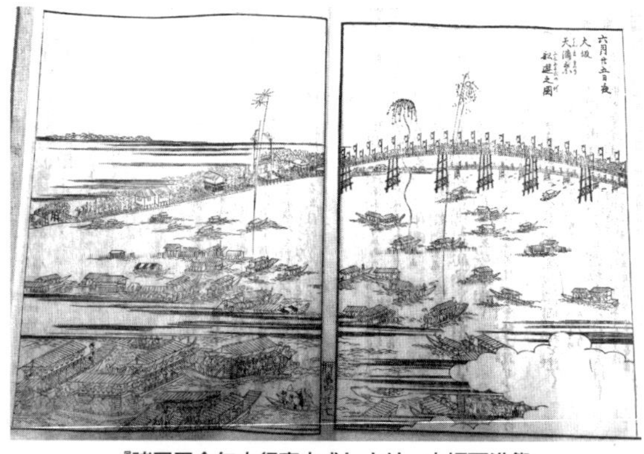

『諸国図会年中行事大成』より、大坂天満祭
（国立公文書館蔵）

速水春暁斎は『諸国図会年中行事大成』（1803年刊）の中で６月25日の大坂天満祭を描いた。『浪花の風』より半世紀前の景色である。何艘かの花火舟から打ち上げ花火が上がり屋形船をはじ

め多くの舟で賑わう淀川の様子がうかがえる。

大坂花火の情景を連想させる与謝野蕪村の1800年（寛政12）の句

花火せよ淀の御茶屋の夕月夜

物焚いて花火に遠きかがり舟

4）近江八幡・篠田の花火

近江八幡市上田町の篠田神社は小さいけれども伝統ある神社である。東海道新幹線からも近くに見えるが、よほど気をつけていなければ見つけることはできない。

この神社の祭礼に独特の花火が江戸時代から伝えられており、滋賀県の無形民俗資料の指定を受けている。明治になるまでは上田神社と呼ばれ、鎌倉時代の1300年（正安２）の刻銘の宝筺印塔が境内にあるといわれる古い神社である。祭礼は５月の最初の申の日に宵宮祭りが行われていたが、現在は５月３日から３日間で、４日の夕刻に花火が行われる。

この花火は1774年（安永３）雨乞いの返礼として始められたものと伝えられている。高さ10m、幅22mに杉板を並べ硫黄と明礬（みょうばん）を主剤とする薬を燃やして、闇夜にチロチロと燃える藤色の火で絵柄を描く仕掛け花火の一種である。この絵柄は時機を得た題材で、仕上げるのに毎夜10人近くの氏子が作業して１か月を要するというから、大変手間のかかることである。

点火には「綱火」を用いる。「綱火」については「花火に関する出版」の項を参考願いたい。仕掛け花火の前方の離れたところから画面に向かって綱火が走り、綱火の噴射を経て着火薬に点火し、主剤を燃やす仕組みである。

昔の仕掛け花火はこのようであったのかもしれない。仕掛けの古い製作法の資料はまったくないので、この技法は貴重な存在である。約240年の間、上田町の人たちによって伝えられてきたことは特筆すべきことである。

武藤の調査によれば、この上田では室町末期から硝石が作られ、戦国武将に供給されていたとのことであり、明治初期には花火製造所の鑑札を受けたとのことである。

5）その他の花火大会

①　長崎の花火

『古事類苑』によれば、長崎代官次男高木道之助が1821年（文政４）江戸佃島にて狼烟を上げ、1830年（天保元）には同じ揚所で長崎御鉄砲方高木蔵之助が合図を行ったとある。

長崎奉行は、盆祭に墓所で花火を激しく行うので注意したことを1843年（天保14）や1850年（嘉永３）に記録してある。この風習は現在でも引き継がれており、時々ニュースで流れる。これは中国の風習が渡来したもので当時すでに爆竹に類似した花火が作られていたのではないだろうか。

②　片貝（かたかい）の花火

片貝の花火は、大きさにおいて最大級の４尺玉を打ち上げることで有名である。花火研究家鮭延は黒崎益吉の手記を引用して片貝の花火を説明しているが、概略は次の通りである。

庄屋太刀川文哲が書いた日記体随筆『八瀬可満登』（1806年刊）に綱火、車火、大竜星、乱星や仕掛花火などが試行錯誤で作られた様が記されている。1866年（慶応２）の花火目録には２尺玉が記載されていたらしく、1891年（明治24）にわが国で初めての３尺玉が上げられるほど盛大になった。

③　尼崎、相模や村祭りの花火

尼崎の花火は、平戸藩第９代藩主松浦清が書いた『甲子夜話』31に記述がある。鮭延は、「摂州（せっしゅう）（摂津国）尼崎は花火で名高い、これは花火ではない、烽火（ほうか）の術（すべ）である……」として、当時の花火プログラムを記述している。

同じく『甲子夜話』14に地方の花火の隆盛についての記述があり、相模の花火に大きな仕掛け花火の伝聞が説明されている。

村祭りの花火としても、江戸時代から始まったものとして秩父吉田、静岡草薙と朝比奈の流星、長野清内路、伊豆河内、茨城つくばの綱火など多くの花火が伝承されている。

（畑中）

2-14　江戸時代の花火(8)　おもちゃ花火

江戸時代のおもちゃ花火には、現在も活き続けている花火がある。線香花火や流星がそれである。現在は法律によって、おもちゃ花火について規定されているが、江戸時代には「子供手遊之花火」程度の言い方で明確な規定がない。ここでは、「おもちゃ花火」を庭のような狭いところで子供が使える花火としておこう。「続飛鳥川」にある1750年（寛延３）から1765年（明和２）頃の花火売りの口上によれば、ねずみ、手牡丹、てん車、からくり花火といったおもちゃ花火があった。1794年（寛政６）の禁止令では、大黒福鼠、薄、三ケン尺、ねすみ、いたち、げた、万度、道成寺、手車が挙げられている。花火の種類と現象については「花火に関する出版」を参照のこと。

ここでは、おもちゃ花火の種類を示す代表として線香花火とねずみ花火に焦点をあてて、『古事類苑』と江戸花火の研究者福澤の論文を頼りにみよう。

1）線香花火

日本人の一番好きなおもちゃ花火は、線香花火である。そのルーツは何時頃であろうか？　線香花火には、２種類ある。火薬を紙に撚った「長手牡丹」とスボに塗薬した「スボ手牡丹」である。

18世紀初めに出版された『和漢三才図会』に線香花火という用語と製造方法が記述されている。これによれば、稗を柄にして米澱粉を糊剤としたスボ手牡丹を「線香花火」として1700年(元禄13)頃には作られていたことになる(「記録を見る」参照)。

『嬉遊笑覧』は、1830年（天保元）に成立した江戸後期の随筆であり、喜多村信節が諸書から江戸の風俗習慣や歌舞音曲などを中心に社会万般の記事を集め、28項目に類別して叙述したものだ。収録された1680年（延宝８）に発刊された京都の発句集『洛陽集』に、

　　奥方や花火線香せめて秋　　梅水軒

　スボ手牡丹や韓湘笑てたちまち花　　千春

とあり、当時は「線香」、「スボ手牡丹」と呼ばれていたことがうかがえる。

「線香花火」
（千葉市美術館蔵）

浮世絵の中から線香花火についての３つの作品を「浮世絵に見る花火」の項で紹介した。右図は、渓斎英泉作「線香花火」（1830～47年）の線香花火の部分である。子供が20cm位の火鉢の上で手に持った長手牡丹にみえる線香花火を弄び、その先でパチパチと松葉を飛ばしている。長手牡丹の絵である。

小林一茶は、「膝の子や線香花火に手をたたく」と1763年（宝暦13）に詠んだ。

江戸時代初期に「線香花火」といわれたものは、今でいう「スボ手牡丹」である。スボを使った手牡丹という解釈ができる。長手牡丹も長い手牡丹という意味であろう。では、手牡丹は線香花火の意味か？利笑作の『花火秘伝集』には手牡丹の作り方が記されている。その組成には鉄粉が用いられており、火薬量や大きさから考えて線香花火とは思えない。「手牡丹」は、一般には手持ち吹き出し花火といった概念であると思われる。

スボ手牡丹は、『洛陽集』や『和漢三才図会』から考えて1680年（延宝８）頃には出現していたと思われる。300年以上の歴史がある花火である。長手牡丹の出現は、その後となるが、明確な記録がなく不明である。前出の浮世絵から考えると、おそらく1800年（寛政12）以降ではなかろうか。

2）ねずみ花火

『和漢三才図会』の花火の項の記述では、ねずみ花火について「……鼠花火というのがある。三寸ばかりの葦の管を用い、薬末をそれに盛って作る。……」とある。どうも現在のねずみ花火とは異なる。さらに、『花火秘伝集』

の庭花火に「鼠」の記載があり、挿絵付きで作り方が書いてある。(「花火に関する出版」参照)

昇斎一景が明治になってから描いた浮世絵といわれている「子供遊・花火戯」(明治時代の花火の項参照) がある。地面を走るねずみ花火に火をつけたり逃げたりして騒いでいる様が見事に描かれている。ここに描かれているねずみ花火は、棒状で地面を走るものである。

1928年 (昭和３) に書かれた『新兵器化学花火の研究』(西沢勇志智著) によれば、「鼠花火は細いよしを一寸位に切り其の一端に黒色火薬を紙によったものを挿す、…」とあり、やはり現在のものとは異なる。ところが、続いて「鼬(いたち)は雷薬を少量紙によって、此の一端に火薬で点火部を作り、全部を輪形にした……」とある。どうも「鼬」が「ねずみ」と、現在は混同されていたようである。

さらに調べる。1969年 (昭和44) に出版された『三河煙火史』には、黒色火薬を紙で撚ってそのまま棒状にした「筆ネズミ」と、これをまるく輪にした「舞ネズミ」あるいは「車ネズミ」とがあり、舞ネズミに音を入れたものが「イタチ」と呼ばれた花火であると記している。

昔のイタチが今はねずみに成っている。

3) その他のおもちゃ花火

江戸時代のその他のおもちゃ花火にはどんなものがあっただろうか。

冒頭に記した禁止令では、鼠、手牡丹などの名が上がっている。

『花火秘伝集』の庭花火に「鼠」、「手牡丹」「天車」は挿絵付きで作り方が書いてあるが、ここに挙げたそのほかの花火については記述がない (「花火に関する出版」参照)。『秘伝集』には庭花火だけで25種類ある。その大多数はおもちゃ花火と思われる。

次ページの図は喜多川歌麿『絵本四季花』(1801年) の挿絵の一部である。子供が土に挿した庭花火に火をつけようとしている様である。花火は長さ50cm位の棒の途中に丸い円盤を固定し、その両側に火口が付いた筒が２本付いている。火をつけると筒から噴出するガスの力で円盤が回転するものであろう。前出の西澤の著書によれば「鼠のようなロケット類似の小花火を３本位板上にとりつけ……花火の噴勢を以て之を回転させるものである。昔は３羽烏の絵などが此の回転部に貼ってあった。……３眉尺とも烏とも称していた」とあるから、禁止令に挙げた「３ケン尺」と思われる。「子供遊・花火戯」の右下の子供が担いでいる花火も同じであろう（ただし筒は３本）。棒の上下に導火線らしきものが伸びており、かなり複雑なからくり花火と思われる。

『絵本四季花』（国立国会図書館蔵）

黒色火薬しかなかった江戸時代のおもちゃ花火は、さぞかし種類が少ないと思いがちであるが、存外、種類が多い。豊かな想像力から火薬組成に、そして構成に工夫を加えて花火職人が作ったのだろう。　（畑中）

2-15　鍵屋と玉屋

江戸時代の代表的な花火店といえば、花火が打ち上がるときのかけ声でよく耳にする「玉屋」「鍵屋」の屋号が浮かぶであろう。

それぞれの創業については、一般的に鍵屋の方が古いといわれているが、ほとんど同時期あるいは玉屋の方が古いという説もある。

ただし、それらの証拠となる正確な資料は残されておらず、あくまでも大正期に鍵屋12代の篠原弥兵衛が江戸文化・風俗研究家の三田村鳶魚（みたむらえんぎょ）に語った先祖伝来の言い伝えが、通説になっているようである。

それによると、1659年（万治２）に大和国の篠原村（現在の奈良県五條市大塔町篠原）から弥兵衛という者が江戸に入り、日本橋横山町に店を構え、初代鍵屋弥兵衛（明治の戸籍法施行で出身地の篠原性となる）を名乗り、以後12代まで弥兵衛を継承した。

1916年（大正５）刊の『日本橋区史』にも、1659年（万治２）の頃には「花火師鍵屋弥兵衛御本丸御用達となる」とあることから、江戸に出てきてすぐに将軍家が上覧するまでになったことになるが、この頃すでに江戸の市中では、花火に関する幕府の禁令が続けざまに出されていた年代であり、創業するには厳しい状況下であることから疑問視される点も多い。

いずれにしても、弥兵衛という若者が大和国から江戸に出てきて花火の店を構えたことは事実といえるが、稼業である花火の製造技術を、いつどこで取得したかは謎である。

その謎を解明するのにヒントとなる場所が、弥兵衛の出身地である大和国の篠原村にある。

過去の調査によると、この土地は江戸幕府の直轄領で、1623年（元和９）に代官所へ村松清三郎という祖先が火術師である役人が入所。その後、鉄砲合薬調合所（黒色火薬の製造所）をつくって諸藩に納入していた。弥兵衛は同施設の働き手（技師）であったため、火薬の製造技術に精通していたのではないかと推測されている。

また、この地域は関ヶ原の合戦に功績のあった根来(ねごろ)組（鉄砲百人組のひとつで、紀州根来寺の衆徒が豊臣秀吉に討伐されたのち、徳川家康に召されて組織したもの）が徳川家から知行を与えられた土地で、隣接する山間地域には、伊賀、甲賀、雑賀などの鉄砲・火術に関わる集団が多く存在する特殊な土地柄でもある。

また、弥兵衛が江戸日本橋横山町に花火の店を構えるにあたって、江戸の鉄砲組である根来同心の協力があったともいわれている。

初代弥兵衛が鍵屋を創業したといわれる1659年（万治２）は、２年前の1657年（明暦３）の江戸の大火を教訓に両国橋が架橋されるとともに、火除け地としての役割をもつ「両国広小路」も整備され、大川（隅田川）の川開き（旧暦５月28日～８月末まで夜店の出店等が許される幕府公認の納涼期間）が始まったとされる年である。

なぜ弥兵衛は鍵屋を屋号にしたかは定かではないが、一説によると初代弥兵衛は、王子稲荷を熱心に信仰していて、神社の境内にある一対の狐像の片方がくわえていた鍵に由来し、後述の玉屋はもう片方の狐が持っている珠（玉）に由来するといわれている。

当初の鍵屋が製造した花火は、市中で一般的に販売するいわゆるおもちゃ花火が主流で、とくに鍵屋が製造した花火の中で、葦(よし)（イネ科の多年草で水辺に自生）の管の中に練った小さな火薬玉を詰めたもので、火を付けるとあでやかな火炎が出ることから、市中で大人気を呼びよく売れたそうである。

このようなおもちゃ花火の売れ行きが営業の基礎をなし、以後鍵屋は、日本橋横山町で代々弥兵衛を名乗り、やがて「狼煙(のろし)」などの武家の火術稽古の技術導入もあり、本格的な打ち上げ花火の製造技術へと進化してゆくこととなる。

有名な1733年（享保18）に行われた最初の両国川開きでの大花火は、６代目弥兵衛が請け負ったといわれており、鍵屋弥兵衛の名は江戸中に知れ渡ることとなり、以後、昭和期まで脈々と受け継がれてゆく。

2010年（平成22）に鍵屋の菩提寺に調査へ行ったが、現在寺にある墓石をよく見てみると、丸に菱が４つの丸菱紋の下に先祖累代の墓とあり、線香立て部分には「篠原」の名字、花立て部分には「鍵屋」の屋号が右書きで明記されていた。

この菩提寺は、もともと浅草にあったが1668年（寛文８）に江戸の大火にあって、本所押上村に移転し、その後、関東大震災で被害を受け、その際に記録が焼失したものも多く、残念ながら初代鍵屋弥兵衛の痕跡は見当たらなかったが、1835年（天保６）から1979年（昭和54）までの弥兵衛の名跡については確認することができた。

一方の玉屋であるが、玉屋登場のエピソードについても鍵屋創業の由来と同じく、あくまで大正期の鍵屋弥兵衛の口述した内容が通説となっている。

それによれば、1810年（文化７）頃、７代目弥兵衛の時に、鍵屋の手代で優秀な技術者であった清吉（一説には清七または新八）という者に両国吉川町に店をもたせ屋号を玉屋と名乗らせたそうで、いわゆる暖簾分けをさせたことになる。

玉屋を名乗った由来については定かではないが、稲荷神社の一対の狐像の片方がくわえている珠ではないかといわれている。

古川柳に「花火屋は何れも稲荷の氏子なり」とあるように、江戸時代の花火店は商売繁盛のみならず、火薬を取り扱っていることからも、特に防火の御利益を求め稲荷信仰があったと思われる。

玉屋が店を構えた両国吉川町と、鍵屋のある日本橋横山町とは両国広小路を挟んではいるが、いわゆる目と鼻の先の位置関係であった。

玉屋を開業した清吉は、以後玉屋市郎兵衛と名乗り、両国の川開き花火では鍵屋弥兵衛とともに、両国橋の上流下流に分かれて花火の競演をする花火店となった。

この両国川開き花火については、玉屋が上流を、鍵屋が下流を担当したといわれているが、下流には見物に適した三俣（みつまた）と呼ばれる場所を埋め立てた繁華街の中州があり、営業的にも下流が有利であったため、実際にはお互いに損がないように交代制をとっていたと思われる。

この鍵屋と玉屋の競演は幕末近くまで続いたが、1843年（天保14）４月17日、

12代将軍徳川家慶が日光東照宮に参詣する前日に、玉屋の丁稚が火薬調合に失敗して出火、店を全焼した後に町へ延焼させてしまったため、不届き至極につき江戸所払いとなってしまった。

江戸所払いといっても、完全に江戸から追放になったわけではなく、江戸の中心部から離れなければならないという意味であるが、両国吉川町から移転せざるをえなくなり、浅草の北側にある誓願寺前に移ることとなった。

また、一説によると深川海辺大工町に移ったともいわれているが、いずれにしても移転した後は、以前のような営業活動はできないこととなり、両国の川開き花火も鍵屋の独占となり、両国橋の上流下流ともに鍵屋がすべて独占して請け負う結果となった。

玉屋の花火は技術的に優れ人気も高かったといわれており、鍵屋が両国川開き花火を独占した当時の狂歌にも「橋の上玉屋玉屋の声ばかり、なぜに鍵屋といわぬ情(錠)なし」と歌われ、所払いになった玉屋を惜しむ江戸庶民の声が反映されている。

その後の玉屋については定かではないが、日本近世文学研究者の棚橋正博博士の調査によると、玉屋の菩提寺は上野元浅草の「光明寺」にあることが判明したが、関東大震災の頃に子孫が絶え、その後しばらくは親類が墓参りをしていたが、世代が変わり今後は墓参りができないと寺に断りがあったそうだ。

また、玉屋の墓標には1890年（明治23）に当主が亡くなったことが刻まれていることから、その子息の年代までは花火を製造していたことが考えられる。また、1895年（明治28）の玉屋の花火秘伝書の写本「玉屋秘伝」もあるそうだが、その後の当主が関東大震災の頃に亡くなり、直系の子孫が絶えたことから、その時点で玉屋は廃絶したようである。

江戸時代には他にも花火店が複数存在していたが、江戸時代の屋号で現在でもなお全国的に広く知られているのは、鍵屋と玉屋しかないといっても過言ではない。双方ともに花火という特殊な稼業を長年にわたり存続させるための、一子相伝の技術伝承における歴史的な運命は避けられなかったものと推測される。

（河野）

2-16　明治時代の花火(1)　浮世絵に見る花火

明治維新、廃藩置県と時代の大変化の中にあっても、浮世絵には花火が多く登場した。しかし、1900年（明治33）以降の明治後期になると浮世絵は印刷術に取って代わられて廃れるため、作品が見られなくなる。「江戸時代の花火　浮世絵に見る花火」の項で浮世絵の概略を述べたので、ここでは省く。

火薬研究家南坊平造の論文を縁に、浮世絵を通して明治時代の花火の変遷を作者別に見よう。

1）小林清親（こばやしきよちか）　1847年（弘化4）生、1915年（大正4）没

最後の浮世絵師といわれる清親は、幕末から明治時代に横浜を中心に活躍した初期の写真家下岡蓮杖（しもおかれんじょう）に写真を習い、イギリス人チャールズ・ワーグマンに洋画を学んだ。その後に、上京して浮世絵を描いたといわれる。「光線画」と呼称される少々偏ったとされる画法であるが、いまだに斬新に感じる。

「両国花火之図」は1880年（明治13）の作である。

この浮世絵も、清親の代表作「池之端花火」と同様に強烈に輝く花火以外は、みな逆光線で表現され、黒いシルエットで描かれている。それだけに打ち上げられた花火は、一段と鮮烈な印象を見るものに与えてくれる。左端に3段20個の赤提灯をつるした花火舟がある。

「両国花火之図」
（東京都立中央図書館蔵）

2）豊原周延（とよはらちかのぶ）　1838年（天保9）生、1912年（大正元）没

幕末から明治へかけての浮世絵の巨匠であった国周（くにちか）の門人。幕府の御家人であったので、多くの風俗画に長じた明治期屈指の浮世絵師であった。

周延の「上野不忍大競馬之図」は1884年（明治17）である。

「上野不忍大競馬之図」（昭和女子大学蔵）

「両国川開きの花火」（国立国会図書館蔵）

上野不忍池競馬は、1884年（明治17）11月から1892年（明治25）まで、東京上野不忍池を文字通り周回するコースで行われていた。馬券は発売されず、屋外の鹿鳴館ともいうべき祭典で明治天皇をはじめ華族、政府高官や財界人を含む多くの観衆を集め、華やかに開催されたとされている。この絵は、明治天皇が競馬を観覧されており、上空にはパラシュートを付けた吊もの、傘、だるま、鯉や人の形をした袋ものが漂っている。池に浮かぶ万国旗を飾った舟も競馬を盛り上げるために用意されたものである。また、陸軍軍楽隊が絶えず音楽演奏を行い、池の周囲は数千個の玉燈で飾られていたとのことである。これらの背景からすると、不忍池で催された第1回大競馬の様子を描いていると思われる。

同じく周延の「両国川開の花火」は、1894年（明治27）の作である。

屋形船と屋根船の間の上空に赤い雨と青い小星が落下しており、その下には赤い大朝顔（花車）がある。この頃には、塩素酸カリウムを使った明るい洋火が普及し、花火の色彩が鮮明になったといわれる。

3）楊斎延一（ようさいのぶかず）　1872年（明治5）生、1944年（昭和19）没

延一は、3代広重とともに明治時代の風俗をよく描いた周延の門人であり、石版画も手がけた。作画期は1887年（明治20）頃から1907年（明治40）頃までの20年間で、日清戦争や日露戦争などの戦争物を描いたことでも有名である。

「両国花火之三曲」（中央区立京橋図書館蔵）

「両国花火之三曲」は1892年（明治25）の作である。

屋根船の前後に立った美女を大きく、左に数十mの高さの打ち上げ花火が画かれている。オレンジの木炭火の粉と冠状に垂れ下がった紅星の構成となっている。この紅星は塩素酸カリウムを使った洋火であろう。左の遠景に赤い提灯の花火舟が描かれている。余談であるが、花火の右下あたりは、本所元町の時計塔であることから川上から両国橋を描いたことがわかる。

4）永島春暁（ながしましゅんぎょう）　生没年不詳

歌川国芳および歌川芳虎の門人。1888年（明治21）頃から「春暁」の号を用いている。作画期は1905年（明治38）頃までとされる。

「東京両国橋川開大花火之図」（東京ガス　ガスミュージアム）

春暁の「両国橋川開大花火之図」は1890年（明治23）の作である。

明治中期の両国橋川開きの賑わいと花火の発展を示す浮世絵である。洋館や立錐の余地もないほどの人ごみ、人力車や馬車が行きかう様が活き活きと描か

れている。絵の右の打ち上げ花火は柳に垂れ下がり、中央上空には打ち上げ花火が10発ぐらい光っている。左側の花火舟の上では2段で車火が回っており、その上空には柳が降っている。さらに、その右にパラシュートに吊られた赤や青などの彩色された5つの星が降下している様が描かれている。

5）昇斎一景（しょうさいいっけい）　生没年不詳

一景は広重の門人で、作画期は1870年（明治3）から1874年（明治7）と短いとされる。

「子供遊花火の戯」は1871年（明治4）の作である。この作品の絵師については、南坊は一景とするが、広重との説もある。

「子供遊花火の戯」（国立国会図書館蔵）

子供が花火をしている様子が描かれている。花火を怖がりつつも、花火遊びの楽しさに大騒ぎする子供たちが活き活きと表現されている。

地面を走っている花火はねずみ花火で、現在のような円型（舞ネズミ）ではなく、細長い筒型（筆ネズミ）だったとみられる。右端の子供が担いでいるのは、喜多川歌麿の「四季の花」にある花火から推測すると、ずいぶんと大きなおもちゃ花火である。

この絵は、国立国会図書館による浮世絵の分類では風刺画であり、1868年（明治元）の幕府と新政府軍の対立を子供遊びに見立てたものといわれる。

以上、明治期の浮世絵に見る花火について述べた。明治というダイナミックな時代の流れを受けて、日本の花火が大きく変わっていく様が浮世絵に表れている。

（畑中）

2-17　明治時代の花火(2)　丸く広がる花火の誕生

現在、大多数の人は花火といえば丸く広がる花火を連想するであろう。子供達が描く夜空の花火の十中八九は丸く開く花火、即ち「割り物」である。この割物は、世界では「日本式花火(Japanese-Style Aerial Shell)」として有名でアメリカやヨーロッパ、そして中国でも打上げられている。

ところが割り物は、1世紀半前にはなかったのである。江戸時代の浮世絵には描かれておらず、明治時代初期に作られたと思われる。資料が少ないので、歴史資料だけではなく科学的知見をあわせて割り物の誕生を推定しよう。

1）記録を見る

1878年（明治11)、明治天皇が北信越地方を巡幸された際に、長野で歓迎花火「菊の園」（菊畑ともいう）200発が打ち上げられている。その名称から、この花火が最初の割り物といわれたこともあるが、新聞記事や随行員の描いた絵を調べると、昼花火の煙柳であり割り物ではなかった。

1882年（明治15）の群馬桐生や深谷、金沢の花火番組表には、満星、菊や牡丹といった丸く開く花火を連想させる玉名はまったく見あたらない。

ところが、1883年（明治16）の平山甚太の輸出花火カタログには、明らかに割物の典型「菊花型花火」がいくつも掲載されている（下図は真菊、「2-19明治時代の花火(4)　海外を渡った花火」項参照)。

1892年（明治25）の愛知県の豊川稲荷番組表では、真菊が多数出品されており丸く開く花火が普及したことがうかがえる。

大正期の有名な花火研究家渡辺祐吉の著書『趣味の花火』には、破口物と書いて“わりもの”と読ませており、丸く開く花火として満星、牡丹や菊がすでに定番となっている。また、丸く

『Illustrated catalogue of day and night bombshells of the Hirayama Fireworks co.』
（横浜市中央図書館蔵）

開く花火に必要な掛け星ができた起源について、越後地方では1902年（明治35）頃と述べている。

花火の研究家武藤の著書『日本の花火のあゆみ』に、12代鍵屋弥兵衛が書いたという「円く開く花火」と題する一文がある。それによると10代目弥兵衛は江戸時代末期に、砲術師の家に丁稚奉公まがいに入り込み、信用を得て丸く広がる花火の製造法を会得したというものである。真ん丸く開く花火を完成したのは明治7・8年とある。

武藤は、根拠は不明であるが大正中期に割り薬に塩素酸カリウムを使い始めたと記している。現在の割薬には過塩素酸カリウムを含むから、この一文が正しければ、丸く開く花火は黒色火薬の割り薬で作ることができたことを意味する。ある有名花火師は「昔は黒色火薬だけで割り薬を作っていた」という。

2）科学知識

割り物花火（国産6号）が割れる時の花火玉内部の圧力変化とカメラで捕らえた花火玉の様子を図に示す。横軸は時間であり縦軸は圧力（過圧）である。過圧が2 Mpa（約20気圧）になったときが時刻0となっている。花火玉の内部にある割り薬に導火線から着火し、圧力が上昇し始めるのは−1.0ms（1/1000秒）、

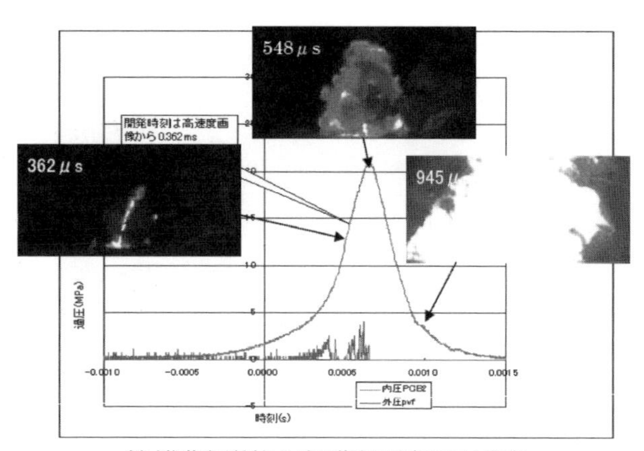

割り物花火が割れる時の花火玉内部の圧力変化

+0.36msで玉皮の合わせ目から裂け始めるが圧力はさらに上昇する。玉皮が大きく裂け火炎に花火玉が包まれる+0.55msで最大圧力21MPaに達する。その後圧力が低下し+0.95ms、すなわち割り薬に着火して約2msで玉皮が飛散し始めるのが見える。花火玉の構造については、「2-4花火の歴史 元寇で日本初上陸」項の図を参照されたい。

以前に行った実験から、割り物花火が丸く開くには2つの要素が必要であると考えている。短い時間で燃え尽き急速に圧力を上げることができる割薬と均一に割れ高温のガスと圧力を一定時間保持できる玉皮である。この割り薬と玉皮とのバランスが日本の花火の真髄と考えられる。

現在のように精密な計測機器も科学知識もなかった時代に、2/1000秒で終わる現象を制御する技術をどのようにして花火師は入手したのだろうか? すばらしく鋭い洞察力と想像力と思うしかない。大変な努力と忍耐をもって情熱を形にした、われわれ日本人の先達にあらためて敬服する。

3) 丸く広がる花火のまとめ

日本の花火の典型である丸く広がる花火は、日本人が描くシンプルで儚いものを求める美意識にかなうものである。それは、閉塞された江戸時代から解き放たれた明治時代になるのを待つかのごとく登場した。そこには、割り薬と玉皮との絶妙のバランスからもたらされた確かな技術があると思われる。割り薬は籾殻(もみがら)や綿実の周囲に黒色火薬を塗り、玉皮には世界に誇る和紙など天然素材が使われた。まさに日本文化そのものではないだろうか。

余談であるが、機会あって中国の業界関係者と会合したときに「日本式花火」を世界遺産に共同で登録しようという話を聞かされたときには驚いた。もちろん名前は「日本式花火」ではない。文化的背景も考えず、どんな苦労があったかを調べてないうえに、まったく思いを馳せてもいない。中国が最も多く「日本式花火」を世界に供給しているのだからという理由らしい。

先達の苦労に報いるために、我々は丸く開く花火にプライドをもって「日本式花火」と主張しなければなければならない。 (畑中)

2-18　明治時代の花火(3)　カラフルな花火の登場

現在は、打ち上げ花火といえば丸くカラフルというのが一般的なイメージである。時には「和火」という木炭の火の粉のみで表現する花火も登場するが、一部にすぎない。

カラフルな花火は、明治時代に文明開化の波に乗って西洋からもたらされた薬品を使って登場した。カラフルな花火の登場は人々を狂喜させたが、同時に多くの花火師を死に誘った。

カラフルな花火の光と影を見よう。

1）カラフルな花火の光

日本人にカラフルな花火を初めて見せたのは清水卯三郎といわれている。清水卯三郎は、埼玉県の造り酒屋の三男として生まれ、1867年（慶応３）に開催された第２回パリ万博に参加するなど早くから西洋に目を向けた人物である。彼は、帰国後日本橋に「瑞穂屋商店」を開業し、西洋の品々を輸入販売する。その中に西洋花火や薬品がある。

清水卯三郎譯述
西洋烟火之灋
瑞穂屋藏版

清水卯三郎が翻訳した『西洋烟火之法』
（国立国会図書館蔵）

こんなエピソードがある。瑞穂屋の前で清水が手作りの花火を燃やし「深紅の光満街を照し」たところ、火事かと騒ぎ、近くの湯屋に入っていた人々が丸裸で外に飛びだしたそうである。一度も見たことのない花火の、その明るく鮮やかな色に驚嘆したのであろう。

また、清水は福沢諭吉ら文化人とも交流があったといわれている。後述する平山甚太が1877年（明治10）に打ち上げた花火の原料は、当時の日本の工業力を考えれば、清水が輸入したものかもしれない。清水はカラフルな花火の作り方を書いたイギリスの『オエクシオップ』を翻訳し、『西洋煙火之法』として1881年（明治14）に出版した。1887年（明治20）には『佛国新法煙火全書』も翻訳出版する。

カラフルな花火が日本に出現した時期については諸説ある。仙賀佐十（せんがさじゅう）、平山甚太（コラム参照）、鍵屋弥兵衛などの名があげられる。

仙賀佐十という豊橋の花火師については、愛知県の花火の歴史を書いた『三河煙火史』に記述がある。その中に「当時、誰も使用したことのない塩素酸カリをも用い、紅、緑などの鮮光美しい色もの煙火をつくり、その元祖といわれている」とある。1902年（明治35）に50歳でなくなったとのことだから1852年（嘉永5）生まれとなる。1864年（元治元）に長崎に行き花火の研究をして豊橋に戻り、中村道太（「Column　アメリカに渡った平山甚太」）の斡旋で1879年（明治12）の靖国神社大祭において花火を打ち上げ、大いに評価されたことも記載されている。1890年（明治23）、帝国憲法発布記念に不忍池で上げた花火は、完全に鮮やかな色火であったといわれている。

福沢諭吉の「豊橋煙火目録序」は、1877年（明治10）の天長節に横浜の公園で平山甚太が打ち上げた昼、夜花火の賛辞である。それによれば、昼花火に袋ものや旗もの、夜花火に丸に十字の型ものや菊花型に加え、「光彩の絶妙にして彩色に区別あるは固より論を俟たず」とある。カラフルな丸い花火が出現していたと思える。

11代鍵屋弥兵衛は、輸入されたばかりの塩素酸カリウムを用いて赤や青を出そうとしたが、成功しなかった。しかし、1887年（明治20）頃には新しく輸入されるようになった炭酸ストロンチウム、硫酸バリウム、炭酸銅といった新しい薬剤を使って赤、緑、青の発色に成功したと『花火千夜一夜』に記されている。1889年（明治22）、帝国憲法発布の夜、皇居二重橋の中から花火が打ち上げられた。これが現在に伝えられるカラフルな花火の初めてともいわれている。

次に明治時代の花火番組表から、カラフルな花火を探ってみる。1879 ～ 80年（明治12 ～ 13）の群馬県前橋や太田、埼玉県の児玉の花火番組表には、カラフルな花火を連想させる玉名はまったく見あたらない。ところが、1882年の群馬県桐生の花火番組表には「西洋５色釣星」「西洋朱花」、同年の群馬県深谷の花火番組表にも「西洋火残月」というようにカラフルな花火が出品されている。1892年（明治25）の愛知県豊川稲荷番組表には､「五色乱星」「青星」「紅菊」など多くのカラフルな花火が出品されており、急速に普及していったと想像できる。

浮世絵にカラフルな花火を探してみると､永島春暁の1890年（明治23）作「東京両国橋川開大花火之図」にパラシュートに吊られたカラフルな星が描かれているのが最初である（「2-16明治時代の花火(1)　浮世絵に見る花火」項参考)。

2）カラフルな花火の影

前述したように明治に入って、塩素酸カリウムなどの薬品やアルミニウムなどの金属を西洋から入手できるようになると、それを花火に使う知識も得て大変革期を迎える。しかし、塩素酸カリウムを使った火薬は、ちょっとした打撃や摩擦でも、すぐ爆発するし、貯蔵しておくと突然発火したりもする。

花火の研究者であった西沢勇志智は1928年（昭和３）に出版された大著『花火の研究』の中で、塩素酸カリウムだけではなく花火に使われる多くの化学薬品の危険性を説いている。さらに、「長く花火職人をしている者は怪我を当然のごとく思っている」と書いて花火師の心構えについても猛省を促している。花火師の間には「火で顔を洗わなければ一人前でない」という表現すらあった。

カラフルな花火が高評価を得るようになると、毎年数十件という花火製造中の事故が発生し、多くの花火師が亡くなった。カラフルな打ち上げ花火を作ったといわれる仙賀佐十も、1897年（明治30）に町中にあった自宅兼工場で壮絶な爆発事故を起こし、一家は絶えている。日本で危険な塩素酸カリウムが使われなくなるのは、1990年（平成２）になってからである。

この花火の事故の多さを嘆く声は、日本だけではなく時代の違いや程度の差はあるものの、花火の盛んな地域では必ず起こっている。現在最大の花火輸出大国、中国では、つい10年前まで塩素酸カリウムを多用していた。多くの工場でこの薬品を使って毎年事故が発生し、多くの従事者や近隣の人々が亡くなっていた。マルタ共和国は人口40万の国であるが、20もの花火工場があるほど花火が盛んである。5年ほど前まで塩素酸カリウムの使用が普通であり事故も毎年発生していた。そのほかの国、たとえばインドでも同様のことが続いている。

しかし、明治時代の名花火師といわれた人たちは、そうした当時の避けられない危険と直面しながらも、他の花火師には絶対に作り出せない強烈な印象を花火に盛り込むことに努力し続けた。

3) カラフルな花火のまとめ

現在の花火に欠かせないカラフルな花火の原点は明治時代にあった。清水卯三郎、平山甚太や仙賀佐十などの先達の努力により1880年(明治13)頃から普及と改良が進んでいった。そしてその発展が放つ光と影を見てきたが、それは現在の花火につながる花火師の果敢に挑戦する精神のひとつと見ることができる。

(畑中)

2-19　明治時代の花火(4)　海外を渡った花火

時代は泰平の江戸から明治に変わり、混乱の中で日本花火が海外を渡っていくことになった。そこには緻密な海外販売計画があったようだ。その詳細を伊東洋「横浜花火年表」と櫻井孝『明治の特許維新』から見てみよう。

1）明治初期の花火技術

江戸時代に黒色火薬を使った花火技術は完熟していたといえるだろう。そこに塩素酸カリウムを使った西洋の花火技術が流れ込む。たとえば清水卯三郎は1868年（明治元）にパリ万国博覧会から西洋花火を持ち帰り、日本橋等で公開して市民を驚かせたり、東京で薬品の輸入販売を始めたりしたようだ。また、長崎で西洋花火技術を身につけた愛知県豊橋の仙賀佐十は、1879年（明治12）に靖国神社大祭でカラフルな花火を始めて打ち上げる。

2）日本の状況と横浜港

1853年（嘉永６）のペリー提督の浦賀沖来航後、江戸幕府は1859年７月１日（安政６年６月２日）に横浜港を開港する。よって横浜市は、６月２日を開港記念日としている。開港に先立ち、幕府は横浜への出店を奨励したため、江戸の大商人や近郊の廻船問屋をはじめ全国から商人が集まり、横浜は急速に発展した。同年に横浜に移住した西洋人の商人は20名以上といわれる。

当時の日本は、綿糸・織物などの繊維製品、砂糖、機械類、兵器、船など多くを近代化のために輸入に頼っており、輸出できるものは茶と生糸ぐらいであったため、完全な輸入超過状況であった。おもな貿易相手はイギリスであったが、1877年（明治10）頃にはアメリカが台頭してくる。

海外との窓口となった横浜港には、多くの外国船が訪れた。1870年（明治３）６月には横浜川開きが始まり、納涼茶屋が設けられ軽業や辻講釈などの興行が行われ、夜には「鍵屋」の花火が打ち上げられた。1874年（明治７）７月４日には、横浜港投錨の各国艦船よりアメリカ独立記念日の祝砲を発し、夜にはアメリカ艦において花火を打ち上げたようだ。その後も、横浜港では折々の催事に花火を打ち上げるようになっていった。

3) 平山花火

①　平山花火の設立と海外展開

37歳の平山甚太と25歳の岩田茂穂は、共同で1877年（明治10）に平山花火の製造所を横浜に設立した。1890年（明治23）1月に製造所を公開した新聞記事によると、工場の広さは2000坪（池を含めると3000坪）に30の建物があり、常雇いは60人（忙しいときには約160人）で、雇い人は工場近くに住んでいることになっていた。しかし、当初はそれより小規模であったと思われる。

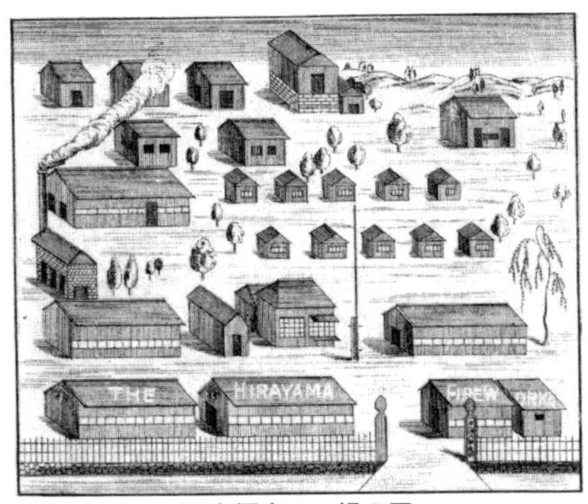

平山煙火の工場の図
『Illustrated catalogue of garden & lawn pieces of the Hirayama Fireworks』
（横浜市中央図書館蔵）

1877年（明治10）11月3日天長節の花火と福沢諭吉の賞賛、1879年アメリカ前大統領グラントの歓迎花火とアメリカ独立記念日を祝う花火の製造人となったこと、1881年（明治14）には、花火職人数名をアメリカに派遣し、販路を拡大したことはコラムに書いた。折に触れて平山の地元豊橋のバックアップがあったようだ。

1878年（明治11）にオーストラリアで平山花火は人気を博し追加注文を受けたが、ヨーロッパ向けは上海で滞貨したとされる。平山が花火職人をアメリカに派遣した1881年（明治14）に、横浜で手交されたパスポートを外交史料館で調べた。煙火商は3人、41歳の高須清兵衛（横浜）、29歳の疋田又右衛門（豊橋）、27歳の佐藤百太郎（さとうももたろう）であり、彼らの目的地はニューヨークと記されている。ところが、佐藤は1853年（嘉永6）生まれの日本の実業家で日米貿易の先駆者といわれる大人物であった。彼は1867年（慶応3）、私費でサンフランシスコへ赴くと、1871年（明治4）に一度帰国するが、すぐに公費留学、ボストンのボリテクニック工芸学校で経済学を学ぶ。数度にわたり渡米し、茶や生糸をアメリカに輸出する。1876年（明治9）、ニューヨークで森村豊とともに「日の出商会」を設立してノリタケの輸出を手がけた。

彼は1881年（明治14）にニューヨークに到着すると、同年9月1日雑品販売店を出店して、持参した平山花火4500発を売り切った。

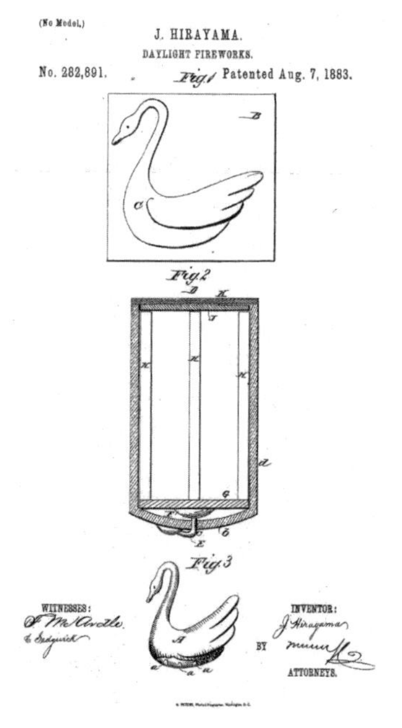

②　平山花火と特許

平山は、横浜居留のイギリス商人から注文を受けサンプル花火を渡したら、イギリスで模倣され輸出できなくなったらしく、イギリス専売のため特許を欲しがったようだ。しかしイギリス特許は難しかったといわれている。そこで、当時、貿易相手国のトップになったアメリカで特許を取って、アメリカ向けの商売を軌道に乗せようと考えたのであろう。特許の話はコラムにも書いているので合わせて読んで欲しい。1年をかけて取得したアメリカ特許番号は第282891号であった。日本の特許制度が設立されるのは1885年（明治18）のことであるが、平山の特許内容は日本国内ではすでに確立された技術であることから、平山が同じ内容の特許を日本で申請することはなかったであろう。

上に平山が取得した特許書類の中の図面(Fig.1 ～ 3)を示す。白鳥の袋ものの説明である。白鳥の形をした袋が入った長玉が特許対象であることがわかる。1行目にJ.HIRAYAMAの申請者名、2行目に昼花火（DAYLIGHT FIREWORKS）の特許名、3行目左に特許番号、その右に特許取得日1883年8月7日が記されており、図面の右下には発明人(INVENTOR)として平山のサインも見える。

③ 平山花火のカタログ

平山が横浜港で打ち上げた花火が評価されアメリカ、ヨーロッパに輸出された。特許を取得した1883年 (明治16) には英語のカラーのカタログ (右写真参照) を作成したようである。カタログには、英文の昼花火と夜花火の2種があり、昼花火のカタログには116点もの花火の絵が浮世絵で刷られている。打上げ方の説明も記載されている。

「Illustrated catalogue of day light」
(横浜市中央図書館蔵)

カタログの中には「スターマイン」との表現がある。絵 (コラム参照) を見ると、地上に設置した筒から星が吹き出す様が描かれており「花束」のように見え、現在のスターマインとは趣が異なる。また、「スターマイン」という表現の歴史に驚かされる。

その他のカタログも存在している。アメリカのデラウエア州にあるHagley Museum and Libraryにもカタログが保管されている。このカタログはプリンプトン著『FIREWORKS』に収録されているが、同じく昼花火の絵柄に2インチから6インチまでの価格が記載されており、4インチと6インチ玉の販売では打ち上げ筒を貸すと記載されている。当時からこんなビジネスモデルがあるとは驚きである。

④ 平山花火の海外販売

販売についての記録を横浜開港資料館の資料から見よう。

1885年 (明治18)、平山は横浜にあるアメリカの貿易会社と欧米に花火を販売する代理店契約を結び、1888年（明治21）には、ドイツのハンブルクにあったラインハルト商会にもヨーロッパ全土（イギリスを除く）の総代理権を許可したとされる。同年、共同経営者岩田は、商品の改良と販路の拡張を企画してアメリカに渡り、サンフランシスコ支店を開設した。

1906年（明治39）に平山花火の支配人近藤光次郎は、アメリカ独立記念日の花火を打ち上げるために上海に渡り、自ら花火プログラムや広告を作成し、横浜から送られた資材の受け取りや保険の手続きをした。同年７月４日に上海の競馬場で花火を見事に打ち上げたとのことだ。この花火は成功したようで、アメリカ領事館から近藤へ感謝の書簡が贈られたとある。

また、1904年（明治37）のセントルイス万国博覧会で金メダルを受賞し、1915年（大正４）のパナマ太平洋博覧会にも、平山花火の後継者小野よしが５点出品（シアトルのヒット煙火が請負名義人）し、金メダルを受賞したとされるように、1890年（明治23）に平山が退いた後も平山花火は海外戦略を継続していく。

「パナマ太平洋博覧会展示」（横浜開港資料館蔵）

⑤　海外販売の決済

わが国の貿易形態は、幕末の開港以来、開港場に設けられた「外国人居留地」の外国商人の手を経て行われる「居留地貿易」であり、「間接貿易」であった。明治維新後，貿易収支が赤字に転じたこともあり、新政府は輸出促進の一環として、日本商人の手による直接輸出、すなわち「直輸出」を奨励した。

横浜の丸屋商店（現在の丸善）の経営者早矢仕有的（はやしゆうてき）や平山の実兄中村道太（ともに福沢諭吉の弟子）などは、外国商人の横暴を許している「居留地貿易」の現状に憤り、その対応策に苦慮していた。1880年（明治13）２月に横浜正金銀行が開業するまで、外国銀行は、貿易代金決済を含めてすべての外貨取引を取り扱っていた。

平山は実兄中村が初代頭取となった横浜正金銀行に出資しており、自ら貿易決済の道を切り開こうとしたと思われる。

⑥ 平山花火のまとめ

平山花火について西沢勇志智は大著『花火の研究』(1928年刊)の中で次のように記している。「我国など慥(たし)かに輸出品として相当の声価を欧米の地にもっているのである。この点は横浜の平山氏が大いに力を注がれていると聞く。今同店の外国向きの印刷物を添えて我が国内の有志にして、対外的の考えをもたるる方への参考に資する」として、英文の取扱い説明を添えた。平山花火は後世においても大きな評価を得ている。

世界に目を向けたばかりの日本にあって、このように、平山は一人先進的かつ戦略的に日本花火の輸出を行い、日本花火の名声を世界に広めていったといえよう。

4) その後に続く花火師

平山に続いた花火輸出は、やはり横浜の花火業者、棚橋通治(たなはしみちはる)や二宮商会などがある。

棚橋通治は、1838年(天保9)岐阜に生まれた。1868年(明治元)横浜に移り、語学と薬品学を習得し、平山の影響を受け1889年(明治22)に花火製造所を南大田町に開いたといわれている。1901年(明治34)アメリカのセントルイスで10インチと12インチの花火を打ち上げて金メダルを受け、「棚橋花火」の名を広めたとされる。1917年(大正6)に死去した。

二宮商会は、1924年(大正13)の横浜の電話帳に花火製造業として現れる。

その他、1924年の東京都の電話帳を見ると、日本橋横山町の鍵屋花火は、「諸官庁御用達海外輸出業」とあり、当時は輸出もしていたと思われる。 (畑中)

Column　アメリカに渡った花火師平山甚太

平山甚太(ひらやまじんた)は、1840年（天保11）吉田藩（現愛知県豊橋市）勘定方で柔術指南中村哲衛の次男として誕生した。4歳上の長男に、丸屋商社（現丸善）の重役や横浜正金銀行の頭取となった中村道太がいる。15歳の時同じ吉田藩柔術指南平山清助の養子となり平山甚太となる。

平山煙火製造所を1877年（明治10）に岩田茂穂とともに横浜で設立した。岩田は豊前中津藩（大分県中津市）出身で、同郷の福沢諭吉の門下生であった。同年11月3日天長節の祝賀として横浜堺町公園で開催された花火大会で、午後3時から12時まで昼花火と夜花火を打ち上げた。この夜花火は日本初の西洋花火であるとされる。

中村道太の師、福沢諭吉は『豊橋煙火目録之序』を著し、天長節の花火を褒め称えた。その序によれば、渡米経験のある丸屋商社の鈴木東一が、豊橋の花火はアメリカの花火より遙かに優れているというので、豊橋から仙賀佐太郎や小林吉蔵などの職人を呼んで花火を作り、打ち上げた。結果、外国人にも絶賛され、海外からの花火注文へとつながり花火を大いに輸出することとなる。

また1879年（明治12）にアメリカの元大統領グラントが来日した際、平山は歓迎の花火を依頼された。その後、横浜で恒例となったアメリカ独立記念日を祝う花火の製造人となった。

1881年（明治14）には、中村道太の意見に従って豊橋の花火職人疋田又右衛門など数名をアメリカに派遣し、販路拡大を行った。彼らの帰国は、1年以上のちになった。

その2年後には自らの花火技術を保護するため、日本で特許制度が整備される以前の1883年（明治16）にアメリカ合衆国の特許を申請し、昼花火「Daylight Fireworks」により日本人で初めて取得した。明治初期の通信インフラがまったく不足していた時代に、アメリカ特許に果敢に挑戦して成功させた。特許の内容は、花火の中に封入された紙製の人形などが飛び出す「袋物」と呼ばれるもので、人形が風に漂いながらゆっくりと落ちてくるものだった。

これらの活動は、殖産興業の一環として外貨を稼ぐ国策への協力であり、中村道太が大隈重信に働きかけ、外国為替銀行として横浜正金銀行を設立し、貿易決済を行うこととも関連している。

平山は、横浜の地に花火工場を建ててから12年後の1890年（明治23）に故郷豊橋にもどった。1892年（明治25）豊川鉄道を創設するなど地元経済に貢献し、激動の明治を駆け抜け1900年（明治33）9月15日没した。

余談であるが、この果敢なる特許の話は120年を得て突然表舞台に現れた。APEC首脳会議期間中の2010年（平成22）11月13日に開催された日米首脳会談においてである。オバマ大統領は、平山が取得したアメリカ特許書類の複製を弁理士資格を持つ当時の菅総理に贈ったのである。

Colored Star Mines.

アメリカ向け輸出花火のカタログ
（1880年頃）
「スターマイン」と表現している
『Illustrated catalogue of garden & lawn pieces of the Hirayama Fireworks』
（横浜市中央図書館所蔵）

ちなみに、平山の娘アサジと岩田の子は結婚し、生まれたのが作家の獅子文六で、平山甚太の孫にあたる。

平山は花火製造輸出の他、横浜の関内で旅館「伊東屋」、両替商「豊橋屋」なども経営していた。その旅館は、福沢諭吉とその門下生も常宿として利用していた。

（畑中）

2-20　戦前の花火(1)　新しい薬剤の登場

明治から昭和にかけて新しい薬剤が次々と入って来たが、それらの薬剤について、以下に述べる。

1）明治における新しい薬剤

江戸時代の花火は硝石を中心とした黒色火薬系の「和火（わび）」と呼ばれるもので、1879年（明治12）にマッチの原料として塩素酸カリウム（塩ポッ）が入ってくると、これらに色火剤として各種金属化合物を入れた「洋火（ようび）」が主流となった。しかし、塩素酸カリウムを原料とした煙火の事故は大正・昭和（戦前）の統計からみると2割以上を占めており、取扱いに危険性を持っていたことがわかる。中でも「赤爆」と呼ばれる鶏冠石（けいかんせき）の入ったものは、爆発音を出す組成であるが、事故が多かった。

2）大正・昭和における花火の薬剤

大正・昭和（戦前）に花火の薬剤についてさまざまなものが使われて現在にいたっているが､戦前については西沢勇志智の『花火の研究』や清水の『花火』を参考に、戦後については清水の『花火の話』、小勝の『日本花火考』、『煙火の製造と保安』などを参考に、その流れを①酸化剤、②色火剤、③発光・火花剤、④発音剤、⑤発煙剤、⑥可燃剤（助燃剤）ごと以下に分類した。

①　酸化剤（酸素供給剤）

明治・大正・昭和（戦前）の酸化剤は塩素酸カリウムが主流であったが、上記の危険性があるため戦後になると過塩素酸カリウムなどさまざまな酸化剤に置き換わっていった。代表的なものを挙げると以下のようになる。

硝酸カリウム（硝石）は花火用として江戸時代から使われており、製造にあたっては酸化性を緩和して用いられている。塩素酸カリウム（塩ポッ）を基本とする白色火薬は威力も大きいことから、他の薬品を混入しても威力低下が少なく色も鮮やかであるが、酸性であると爆発するので雷薬以外には用いない方がよいといえる。過塩素酸カリウム（過塩ポツ）は塩ポツと同種で、強い酸化剤だが比較的安全であるため使われだした。過塩素酸アンモニウムはえんぼつと同種で、ガス化するので圧力が大きくなり使われだした。

さらに色火剤も兼ねた酸化剤として硝酸バリウム、硝酸ストロンチウム、塩素酸バリウムなどが使われた。

②　色火剤（焔色剤）

大正時代に導入された焔色剤として主なものは、青色には銅系統の硫酸銅や花緑青、緑色には硝酸バリウム、赤色には硝酸ストロンチウム、炭酸ストロンチウムなどがあり、以下にその薬剤例を記載する。

- 赤：硝酸ストロンチウム、炭酸ストロンチウム、蓚酸ストロンチウム、硫酸カルシウム
- 橙赤：炭酸カルシウム
- 黄：蓚酸ナトリウム、群青、氷晶石、食塩、重炭酸ソーダ
- 緑：塩素酸バリウム、硝酸バリウム、炭酸バリウム、蓚酸バリウム
- 青：花緑青、亜ヒ酸銅、硫酸銅、塩基性炭酸銅（孔雀石）、銅粉、酸化銅
- 白：アンチモン、鶏冠石、炭酸バリウム

戦後は、赤と青の混合で紫色を出し、金色、水色、桃色、薄緑色などさまざまな色火剤が使われだした。

③　発光・火花剤

発光剤（光輝剤）としてアルミニウム、マグネシウムは明治時代に入って来たが、火花剤として松炭、桐炭、鉄粉は江戸時代から広く使われていた。戦後になって点滅花火としてマグナリウム（アルマグ合金）、チタン粉などさまざまな金属粉が用いられるようになった。以下に発光、火花剤として代表的なものを挙げる。

アルミニウムは火花剤、発煙剤など広い範囲で使われる。マグネシウムは強い光の輝きを出す花火に発光剤、照明剤として使われる。鉄粉は昔から手持ち花火などの火花剤として使われており、松葉状の火花を散らす。マグナリウムはアルミニウムとマグネシウムの合金で火花剤、照明剤として使われる。フェロシリコンは火花剤、発熱剤として主にテルミット反応の原料に使われる。チタン粉は22合金ともいわれ、ロケットエンジンの着火剤にも用いられており、ケイ素、ケイ素鉄は発熱剤として使われる。

④　発音剤

ヨーロッパでは1890年（明治23）頃には仕掛け花火に発音剤が使われていたが、日本では戦後、ピクリン酸カリウム（硝石系）や塩素酸カリウム（没食子酸系）が使われだした。

鶏冠石は低融点の可燃物で、塩ポツと混合すると爆発しやすいので注意が必要である。三硫化アンチモンは助燃剤で、塩ポツによる発音剤として、硫黄の代わりに用いられた。ピクリン酸カリウムは発音剤で笛薬としても用いられるが、ピクリン酸は強力な爆薬であるので、金属容器や器具の使用は避けるべきである。フタル酸塩とはフタル酸カリウム、テレフタル酸水素カリウムで、急激な燃焼と緩慢な燃焼を定期的に繰り返すため、圧填の際注意が必要である。没食子酸カリと塩ポツは、赤燐やピクリン酸と同様に、取扱いに注意を要する笛音剤として使われていた。

⑤　発煙剤

発煙剤には染料が用いられるが、第１次世界大戦後、染料薬品を応用した昼花火が生産されるようになり、さらに軍による彩色発煙の研究が進んできた。以下に発煙剤として用いられた薬剤例を記載する。

- 赤煙：ローダミン、パラレッド、オイルレッド、クリイソジン、オイル染料
- 黄煙：オーラミン、アミノベンゼン、バターイエロー、オイルイエロー、鶏冠石

- 青煙：メチレンブルー、インジゴピュア、フタロシアニンブルー
- 緑煙：マラカイトグリーン、青と黄の混合物
- 白煙：六塩化エタン、リン、亜鉛、酸化亜鉛、ベルゲル合剤、硫黄＋硝石
- 黒煙：アントラセン、ナフタリン、メチルバイオレッド
- 紫煙：インジゴピュア、ローダミンB、パラレッド
- 橙煙：オイルオレンジ

⑥　可燃剤（助燃剤）

江戸時代は火薬が硝石系の黒色火薬であったため、花火の色は暗い色であった。そこで、木炭の種類や可燃剤として鉄粉、樟脳、水銀、雲母、松脂、砂糖や松根、ピッチ、油煙などを加えていた。明治以降になるとさまざまな金属粉や材料が可燃剤として使用されるようになった。

明治時代の『火薬類通覧』には助燃剤として蠟、アマニ油、テレピン油、瀝青（防湿剤）、獣脂（柔軟剤）、漆（防湿剤）、デンプン、デキストリン、アラビヤゴムなどが使われていた。西沢の『花火の研究』によれば、助燃剤として戦前はセラックが使われており、戦後は洋チャン、レッドガムやＢＬ助燃剤、フェノールレジンなど合成樹脂系の接着剤などが使われた。

セラックはラック虫の分泌物でトリニトロパルミチン酸を含むもので可燃剤として使われ、防水剤にもなる。ロジン類（洋チャン）は生松脂でテルペンチンとも呼ばれるものから、テレピン油を分離し残ったものである。レッドガムはオーストラリアの木からとれる複雑な混合物で、すぐれた可燃剤特性をもつ。

その他、フェノールアルデヒド樹脂や、ビンゾールレジンはロジン類で、洋チャンの一種として知られている。ＢＬ助燃剤も同系統の可燃剤である。（栗原）

2-21　戦前の花火(2)　新しい材料の登場

新しい薬剤について前節で述べたが、それ以外に糊剤、紙類、その他の材料にも新しい材料が使われており、それらについて以下に述べる。

1）糊剤（接着剤）

花火の糊剤としての条件を、清水は『花火の話』で「①粘性が大きい②耐水性が大きい③硬さ④乾燥が早い⑤巣を生じない⑥常温で水に溶ける⑦切りやすい⑧中性である⑨燃えやすい⑩保存中変質しない⑪吸湿性が少ない⑫和剤の発色を妨げない」と述べている。しかしすべての条件を満たす糊剤はないので、特性を見て使用すべきともいっている。

江戸時代から明治にかけて使われた糊剤としては、明石の『火薬類通覧』や西沢の『花火の研究』には、みじん粉、うるち粉、小麦粉デンプン、正麩糊（しょうふのり）、アラビヤゴムなどが記載されている。以下にその内容を紹介する。

みじん粉はもち米を精白した可溶性デンプンだが、粘度が高く粘着力が高いものが求められている。うるち粉とはうるち米を粉にしたもので、上新粉、米の粉ともいわれ、現在でも和菓子の材料として使われている。小麦粉デンプンは主に小麦粉、馬鈴薯を原料として、可燃剤の用途として用いられる。正麩糊は小麦粉より生麩を製造する際、副産物として得られるもので、玉の開発後に、落下傘等の開きを妨げない特徴がある。アラビヤゴムはアカシヤ科の植物の樹液が凝固したものである。

明治以降使われた糊剤として、清水の『花火』や『花火の話』、小勝の『日本花火考』、吉田、田村の『エネルギー物質の科学』などに記載されており、戦前ではデキストリンやＣＭＣ、ゼラチン、カゼインなどがあり、戦後は酢酸ビニル、ポリビニルアルコール、フェノール樹脂などの合成樹脂も接着剤として使われていた。以下にその内容を紹介する。

デキストリンは澱粉を燃焼するか、酸を加えて加熱することで得られる粉末で、主に発煙薬として使用される助燃剤に使われる。CMCはカルボキシルメチルセルロースの略で主に増粘剤等に使われるが、過塩ポツに入れると塩ポツと同等の燃速になるといわれている。ゼラチンは動物のコラーゲンから得られる蛋白質を水と加熱して得られる。カゼインは牛乳や大豆を酸で沈殿させることで得られ、木材、紙、竹の接着に好適である。

さらに可燃剤（バインダー）として、アルコール希釈された酢酸ビニル、アセトンに溶解したニトロセルロース、セルロイドを酢酸アミルに溶解したもの、ポリ塩化ビニル、塩化ゴム、水を使用したポリビニルアルコール等が用いられ、合成樹脂の接着剤（バインダー）として、フェノール樹脂、エポキシ樹脂、スチレン架橋した不飽和ポリエステル樹脂などが使われている。

2）紙類

紙類は薬剤、糊剤とともに花火の重要な材料のひとつである。明石の『火薬類通覧』によれば、明治の頃は尋常紙（じんじょうし）、羊皮紙、厚紙などが使われていた。さらに清水の『花火の話』には、「戦前までは花火の紙貼り用として和紙の楮紙、三椏紙、雁皮紙を使っていたが、価格と強度の関係からセメント袋を再利用したり、洋紙としてクラフト紙、ボール紙などへと置き換わって行った」と書かれている。

その内容を、清水の『花火』や『花火の話』、小勝の『日本花火考』などから以下に記載した。

玉皮は打ち上げ花火の重要な部分を占めるものである。玉皮の形状は球状または半球状で材質はボール紙か新聞紙製のものがある。ボール紙玉皮はボール紙を圧搾して半球状に仕上げ、新聞紙玉皮は球形の型を用いて作られる。

楮紙は玉貼り用、薬紙用その他強度の必要な部品の製作に用いられ、柔軟性があり耐折性や抵抗力が大きい特徴がある。三椏紙は落下傘、旗等に用いられ柔軟強靭な薄葉紙であるが雁皮紙には及ばない。雁皮紙は旗、袋物、落下傘等に用いられ透明度が高く抗張力が大きい。ただし高価であるため百パーセント品でなく三椏、楮等の薄葉紙（はくようし）を加えたものを使っている。

クラフト紙は玉貼りに使われるもので淡褐色または濃褐色の紙で強度があり、楮紙に強度は近いが和紙より柔軟性は劣る。硫酸ソーダを用いて木質を蒸煮除去した木材パルプを機械で漉いたもので、花火用として0.10~0.16mm厚さのものを用いる。

ボール紙には黄、茶、色、白ボール紙等があり、玉皮、乱玉の筒として用いられることが多いし、おもちゃ花火の筒にも用いられる。黄ボール紙は稲藁を原料として、茶、色、白ボール紙はパルプおよび紙屑が用いられる。

その他紙類として、コピー紙は三椏紙にマニラ麻パルプを混ぜた薄葉紙で、雁皮紙の代替に用いられる。艶紙（つやし）は亜硫酸パルプに砕木パルプを混ぜ片面に塗被液を塗り艶出ししたもので、おもちゃ花火の外装に用いられる。金属箔紙は紙面にゴム、膠等を塗り金属箔を張り付けたもので、戦後、耐湿、気密の目的でおもちゃ花火の外装に用いられる。

3）その他の材料

掛け星造りは、小さな芯の上に薬剤をまぶして乾かし、しだいに太らせ、星に仕上げる手法である。そこに芯の材料として菜種、粟粒、砂粒などが用いられる。さらに割薬の種には、綿実や籾殻などが使われる。

綿実は外面に細毛を有する白色粒状で、細毛により緩衝効果があるため割薬の核や玉の込め物に使用される。籾殻、しいなや、最近はコルク粒などが詰め物および火薬の媒体として用いられ、綿実よりも装填比重を大にすることができるが、火薬の付着性は劣る。綿糸および麻糸は導火線の被覆、速火線の芯に用いられる。着火しやすいためおもちゃ花火などの着火用に使われるが、麻も強靭であることから雷粒の製作や導火線の固定などに使われた。　（栗原）

2-22　戦前の花火（3）　花火の製造中止

江戸時代に始まった平和の象徴「花火」は、江戸や雄藩から各地に水平的に広がり同時に庶民へと垂直的にも広がる。明治時代になってその広がりの速度を上げるとともに、カラフルにそして丸く広がる花火という新しい技術を取り込んで消化・発展させていく。この技術発展の場が花火大会であり、さらに花火師の出現となっていくが、1935年（昭和10）頃から戦火が拡大していく中、花火大会の中止から花火そのものの製造中止へと追い込まれていく。ここでは、明治から昭和の太平洋戦争までの花火の動向を見る。

1）三大花火競技大会

大曲全国花火競技大会、土浦全国花火競技大会に伊勢神宮奉納花火大会を加えて、現在は「三大花火競技大会」といわれる。それぞれのルーツを調べる。

2016年（平成28）の大曲花火は第90回であるので、1926年（昭和元年）が第１回となるはずだが、1910年（明治43）奥羽六県煙火共進会が始まりとされる。1915年（大正４）から「全国煙火競技大会」と名を変えた。戦時中の中断については、1931年（昭和６）第19回、1936年（昭和11）第20回、1947年（昭和21）第21回再開としているので、1932年から1945年まで断続的に中断されたことになる。戦後の大曲花火については多くの資料が公開されているので参考にされたい。

また、土浦花火は第85回を数えるが、始まりは1925年（大正14）といわれる。花火研究家武藤は1946年（昭和21）に第14回開催としているから、戦前に毎年開催されていれば1937年（昭和13）第13回で中断されたこととなる。

伊勢花火は2016年が第65回とされるので1951年（昭和26）に始まることとなるが、武藤は伊勢神宮の「神都大祝祭奉納第２回全国煙火競技大会」が1926年（昭和元）に行われおり、1925年が始まりと考えられるとした。さらに、1896年（明治29）付け「神都大祝祭煙火大会」の賞状もあるそうなので、関係者には歴史をぜひ整理いただきたい。

2）その他の花火競技大会

さらに資料が示されている戦前の有名な花火競技大会を見よう。

茨城県の笠間稲荷神社が主催した競技会には、大正から昭和にかけて約15年間続き、全国から多くの出品者が集まった。1918年（大正７）のプログラムでは昼夜の部合計で1300個もの花火玉が打上げられた。当時の状況を『花火千夜一夜』の中で、花火師小勝郷右は次のように表現した。「大正から昭和にかけて各地で盛んに花火競技会が催された。そのなかにあって、茨城県の笠間稲荷神社の競技会は私の記憶にひときわ鮮やかに残っている。全国から我と思わん花火師が参加費自前で駆けつけ、花火師の栄誉をかけて金杯、銀杯を競い、大いに賑わったものだ」。

静岡県藤枝の「蓮花寺池花火大会」は1917年（大正６）に始まったといわれ、藤枝町の町民から寄付を集め賞金としたため全国から出品者が来たそうである。

大玉で有名な長岡の花火は、1879年（明治12）、千手町八幡様のお祭りで、遊郭関係者が資金を供出しあい、350発の花火を打ち上げたのが起源といわれる。その後、1917年（大正６）には二尺玉が、1926年（昭和元）には正三尺玉が打上げられて成功したとされるなど盛況を極めた。しかし、戦争のために1938年（昭和13）中止となる。

福島県飯坂温泉が主催した競技会も昭和の初頭に３回だけ開催された多くの花火師が参加する有名な競技会であった。スターマインも登場したらしいが、事故が続く結果となった。

宇都宮で1926年（昭和元）に開催された東洋煙火競技大会は、名前の通り入賞者には21府県と大連・上海の住人がおり、審査員に火薬学会を設立した東京帝国大学西松唯一教授、陸軍技師や内務省技師も加わり空前の日本一の花火大会といわれた。しかし、打ち上げ筒が多く壊れて順調に進行しないばかりか、10号玉の事故で２名の死者を出して１回きりで中止となった。

3）花火師の登場

花火師の登場は国の火薬製造取締りと関連する。1884年（明治17）にそれまで規制のなかった花火の製造に監督官庁を警察とする規制がかかった。次々と法が改正され、1911年（明治44）には「鉄砲火薬類取締施行規則」が公布され、おもちゃ花火以外は規制されるようになった。それまで、自宅で作って楽しむことができ、趣味として多くの人が花火を作って競技会に出品していたものが、安全上許可を受けた工場でしかできなくなった（現在であれば当然のことである）。

花火師においても長野の青木儀作、藤原善九郎、滋賀の廣岡幸太郎、愛知の加藤長之助、新潟の小泉庄吉などの名人が登場し、数々の名作花火をつくり出した。簡単に紹介する。

青木儀作　1889年（明治22）～1965年（昭和40）　1916年（大正５）には煙火製造業に専念する花火師となる。芯入り花火を研究し抜芯技法を創始完成して、1928（昭和３）には八重芯菊花火の製法を完成させた。各地で開かれる花火競技会では優勝を重ねて、全国的に有名になった。1959年（昭和34）には黄綬褒賞を受章した。

藤原善九郎　1870年（明治３）～1923年（大正12）　信濃煙火合資会社を設立し、1915年（大正４）には長野県煙火組合を創設して組合長になる。1910年（明治43）に名古屋で開催された第10回関西府県連合共進会に２尺玉を出品した。

廣岡幸太郎　生年没不明　大正から昭和にかけての花火競技会常勝者である。

加藤長之助　1887年（明治20）～？　仙賀佐十に師事した「最明流」加藤小兵の長男として生まれ、「打揚煙火の名人」と呼ばれた。愛知県煙火組合の初代組合長になる。

小泉庄吉　生没年不明　大正年間に岡崎の花火師のもとで煙火製造を修業し、1936年（昭和11）の伊勢の競技会に「狂獅子に牡丹」を打ち上げ全国優勝した。「銀波紅青」「小割松島」を得意とした花火競技会常勝者である。

4）戦時下の花火

大正・昭和に入っても、明治に引き続き化学染料など新しい薬剤が導入され、花火技術は飛躍的な進歩を続けた。広く普及、発展した花火は、日本が戦争への道を歩みはじめていくと、当然のことながら、観賞用の花火から防空演習用の発煙筒や焼夷筒など戦時用の花火へと姿を変えていった。時節柄、映画や演劇の戦争ものが人気を博していた。数多くの戦争映画の中で、花火師の技術は銃弾や砲弾の発射など演出効果に重宝であった。

戦火が激しくなると、出征兵士を送り出し戦死者の遺骨を迎える花火、慰霊祭や戦勝祈願の花火を打ち上げるようになった。そして花火師自身も次々に戦場へと駆り出されていった。

5）花火の製造中止

戦時用の花火作りに追われながらも細々と続けられていた花火大会の仕事ができたが、1941年（昭和16）には製造中止に追い込まれた。

伝統ある隅田川花火も1937年（昭和12）から中断していたが、1948年（昭和23）の再開を迎えるまで、空白となった。

日本の花火の歴史の中でも特記される空白の一時期となってしまった。国民にとってもっとも暗くつらい時期と花火の空白期は一致する。

6）戦前の花火のまとめ

戦国の世が終り泰平の江戸時代になって、「鉄砲を捨てた日本人」は、鉄砲の代わりに「花火」を手に入れ育んできた。文明開化で海外から新しい薬品を手に入れると危険を顧みず、丸く色の変わるカラフルな打ち上げ花火を世界に先駆けて開発した。一世を風靡した花火も日本存亡をかけた戦争の前に消えた。つくづく花火と平和について考えさせられる象徴的なできごとである。（畑中）

2-23　戦後の花火(1)　花火製造の再開

1945年（昭和20）のポツダム宣言受諾にともなう、いわゆるポツダム命令により火薬類はすべて製造禁止となり、当然ながら戦前から続く花火業者も花火を製造することができなくなり、すべてが連合国軍最高司令官総司令部（ＧＨＱ）の統治下となった。

そのような状況下で、1946年（昭和21）７月４日の米国独立記念日には、各地の米軍キャンプで独立祭が行われた際に、日本の花火が打ち上げられた。

ただし、これらの花火は独立祭のために製造したものではなく、花火工場の在庫品でまかなったようである。

また、米軍キャンプだけではなく、1947年（昭和22）５月３日の日本国憲法施行を記念して皇居前広場での祝賀花火（打ち上げ花火と仕掛け花火）や、全国の催事行事などでも花火が打ち上げられていることから、花火の打ち上げ許可については米軍司令官の裁量にまかされていたと思われる。

花火の製造については、花火関係者によるＧＨＱに対する再三の陳情のかいもあって1948年（昭和23）８月１日に解禁された。

火薬の監督官庁についても、戦前の内務省が1947年（昭和22）12月で解散しているため、商工省（現在の通商産業省）となった。

解禁当時、花火の製造が許可された業者は約100社で、年間に使用する黒色火薬10ｔの範囲内の条件つきであった。

市場に出回るおもちゃ花火については、スパークラー、ススキ（手持ち花火で炎・火花を出すもの）など６品目に限られ、輸出や連合国軍用については別枠だったそうである。

その後1950年（昭和25）の「火薬類取締法」の施行にともない、花火の分類についてもじょじょに法制化され、おもちゃ花火は練り物類、筒物類、絵型物、音物類などに分類されるとともに、火薬量もそれぞれ指定されていった。

打ち上げ花火についても製造解禁にともない、戦争で中断していた伝統的な花火や、有名な花火大会などが、各地でじょじょに復活することとなり、戦後復興を祈願した花火大会も登場するようになった。

戦前にある程度大きな製造施設があった首都近郊の花火工場では、戦時中に花火技術の応用で、軍需用の発煙筒、信号筒や船舶の焼き玉エンジンのスタート用で使用される始発筒などを製造していたところもあった。

また、1950年（昭和25）の警察予備隊（現在の自衛隊）の設置にともない、軍需用の火工品製造技術を導入し、いわゆる防衛産業としての訓練用火工品等の製造に着手する花火工場や、同年に勃発した朝鮮戦争の特需による照明弾などの製造を手がけ、大量の受注を得た花火工場もあった。

その後、全国的に戦後復興も進展し、祭礼や催し物等で花火を行う機会が増え、それらの花火工場も本業である花火製造を再開することとなる。

全国にある花火工場でも、首都圏での復活にともない花火製造を再開することになるが、もともと農業や林業と兼業する花火工場も多くあり、専業として花火製造を行うことになるのは戦後と思われる。

おもちゃ花火については、1950年（昭和25）の火薬類取締法の施行時には適用除外であったが、1952年（昭和27）にはクラッカーボール（かんしゃく玉）の市販が許され、その後1953年（昭和28）の火薬類取締法施行令の改正によって、撚（よ）り物（もの）類、筒物類、絵型物類、練り物類、音物類（平玉、巻玉、クリスマスクラッカー、クラッカーボール）などに分類され、それぞれの現象によって火薬量が制限されることとなった。

当時は子供たちの娯楽も少なく、夏休みには花火遊びが一般的で需要も多かったが、1955年（昭和30）に戦後のおもちゃ花火の隆昌に水をさす事故が勃発する。

この事故は、東京墨田区厩橋の花火問屋の大爆発で、この事故をきっかけに、1960年（昭和35）火薬類取締法の大改正が行われ、おもちゃ花火の製造・貯蔵についても規制を受けることとなり、改めて分類も形態や現象別に決めることとなった。

この改正で、花火業者も新しい保安環境へ対応せざるを得なくなった。（河野）

2-24　戦後の花火(2)　両国花火の復活

戦後まもなく各地で花火行事の復活があったが、とくに有名なのは、1948年（昭和23）８月１日に花火製造が解禁されると同時に東京隅田川の両国橋付近で開催された両国川開き大花火である。

主催者は戦前と同じく、柳橋にある老舗有名料亭で組織された「両国花火組合」で、読売新聞社が後援した。

戦争のために11年間中断されていた日本の花火の象徴的存在である伝統的な花火大会の復活は、全国への波及効果も大きく、復活のためにＧＨＱをはじめとする各種機関へ交渉した関係者や花火師の努力の賜物といえる。

復活当日は、平和の象徴である花火を一目見ようと、陸上で50万人、水上で10万人の観客数といわれ、約3000人の警察官が動員されたそうである。

当時の花火大会で、このような人出があったことは全国でもほかに例はなく、東京大空襲で焦土と化した下町地区の隅田川に、平和の象徴である花火大会が帰ってきたことを人々が心から喜んだ結果といえる。

実際に打ち上げを行った当時の花火師によると、１発目に打ち上げた花火は５号玉の「変芯引先紅銀乱」で、開花の瞬間に地から湧いたようなどよめきと、地鳴りのような嘆声があったと回想している。

当然ながら新聞各社も、花火大会の様子を大きく取り上げたことから、全国

1953年（昭和28）当時の柳橋料亭前の花火見物桟敷席と観覧船

の花火関係者に復活の機運を与えたものと思われる。

その後、この川開き花火では参加業者を対象に、1958年（昭和33）から、投票により総理大臣杯が授与されることとなった。

また、川開き花火が復活した1948年（昭和23）は、戦後の日本の花火史上にとって重要な年でもあった。

それは、８月１日の川開き花火とは別に、同年９月18日に同じ隅田川の両国橋下流から新大橋にかけての浜町河岸一帯で、「全国花火コンクール」が開催されたことにある。この花火大会の主催者は東京都観光協会で、東京都と読売新聞が後援し、花火の製作については日本火工品工業会（のちの日本煙火工業会で日本煙火協会の設立母体）が取り仕切ることなった。

東京の中心地で全国花火コンクールを開催する目的は、東京の戦後復興を象徴する文化行事としての位置づけだけではなく、日本の花火技術の優秀さを外国人に見てもらうことで、日本の花火の輸出振興に寄与することも重要な目的であった。

当初の打ち上げ揚所は、上流の両国橋から下流の新大橋までの隅田川に、だるま船と呼ばれていた木造船（ゴミ運搬等に使用されていたもの）を３隻組み合わせて仕掛花火と打ち上げ花火ができるようにした船団を１ブロックとして合計７ブロックを、全国的に有名な花火製造業者７社が担当した。

打ち上げ方法は早打ち方式で、出品業者１社につき５号競技玉７発を１組として上流から下流のブロックへ順番に１組ずつ打ち上げてゆき、一連の順番が終わると４号の合図雷を打ち上げ次に進む方法で、昼の部では５号42組（284発）、夜の部では35組（245発）で競いあった。

第１回の栄えある優勝者は、昼の部、夜の部ともに埼玉県の花火業者で、今ではめずらしい昼の部の玉名は「黄煙菊に残る煙龍」であった。

同コンクールは1949年（昭和24）から、川開き花火と同時開催となり、両国橋を起点に蔵前橋までの上流が川開き花火、清洲橋までの下流が花火コンクールとなり、全盛期には15ブロック（うち10ブロックがコンクール）が編成され、約２㎞におよぶ大パノラマ花火が展開した。

1958年（昭和33）のプログラムを見ると、出品数が昼の部と夜の部を合わせ128組（896発）となっている。第1回目と比べて約70％増の64社の出品となっており、当時の日本全国のほとんどの花火製造業者が出品している。

出品玉名では、昼の部で「昇り曲導付変芯変化菊残る煙龍」、夜の部で「昇り曲導付真月八重芯変化菊」など、割物と吊り物を組み合わせた高度の技術が要求される玉名を、しかも5号玉で出品していることに驚かされる。

また、仕掛けの部では大小合わせて18台（1セット）の出品があり、余興花火の部では4号玉が1765発、大手企業や有名百貨店などの公告仕掛け花火が13台など、大都会の中心地での花火のため尺玉などの大玉花火はないが、誠に絢爛豪華で、技術的にも最高レベルの花火大会だったことが理解できる。

この全国花火コンクールは、花火の内容の充実のほかに、審査にあたる審査員のメンバーに大きな特色があった。

最後の大会となった1959年（昭和34）の、第12回大会の花火プログラムに列記された審査員名簿を見ると、次の諸氏の名前が記載されている。

顧問：朝倉文夫（彫刻家で文化勲章受章者）、同：山本祐徳（東京大学工学部教授）、同：浜野元継（通産省技官）、審査委員長：岩井三郎（国家地方警察科学捜査研究所）、審査員：平田理久三（東京大学学火薬学教室）、同：浜野一雄（花火

1957年（昭和32）当時の全ブロック一斉打ち上げの様子と配船図

研究家）、同：藤野勝太郎（日本観光飛行協会理事）、同：吉田富三（東京大学医学部長で文化勲章受章者）、同：岩田藤七（日本芸術院会員でガラス工芸家）、同：伊藤深水（日本芸術院会員で日本画家）、同：安藤鶴夫（直木賞作家で演劇評論家）、同：杉浦藤太郎（彫刻家）、同：小絲源太郎（洋画家で日展審査員）、同：小玉希望（日本画家で日展審査員）、同：沢田晴弘（現代美術家で日展審査員）、同：武智鉄二（演出家で映画監督）。

審査員のメンバーを見ると、当時の火薬に関する学識経験者はもちろんのこと、文化勲章受賞者や芸術院会員などの芸術家や、多方面にわたる著名人が審査にあたっており、毎年厳選された作品が入賞していることから、いかにレベルの高い花火コンクールであったかが想像できる。

この花火コンクールは、戦後の日本の花火製造技術の向上に大いに貢献しており、現在もよく登場する「笛花火」や「錦牡丹」など、この大会で初めて発表された作品も多い。

一方で、高度成長による急激な経済発展は、隅田川周辺にも影響を及ぼし、交通事情の悪化や人口密集による保安条件の悪化などで、1959年（昭和34）には競技玉の大きさが５号から４号に制限され、さらに河川の汚染問題や諸般の事情により、花火コンクールはこの年をもって中止となった。

川開き花火についても、花火コンクールが中止になった２年後の1961年（昭和36）を最後に中止されることになった。

最後の川開き花火は、両国橋と蔵前橋の間のみで行われたにもかかわらず、観覧船が約900隻、観客数は警視庁調べで24万人だったそうで、枠仕掛で表現する熊本城などの日本の名城シリーズも披露され、オーストラリアやオランダなどの各国大使も花火を見学したとのことである。

中止となったこれらの両国花火については、1978年（昭和53）に隅田川の水質浄化に努めた当時の美濃部亮吉東京都知事の意向もあり、17年ぶりに花火を復活することとなり、打ち上げ場所を上流に移して「隅田川花火大会」と名称を変え、現在も東京の夏の風物詩として７月末の土曜日に毎年開催されている。

（河野）

2-25　戦後の花火(3)　輸出の勃興

戦後経済の復興は急務を要する必要があり、輸出振興が大きな役割を果たしたことになるが、花火の輸出についてもその一翼を担った。

1957年（昭和32）頃の輸出統計によると、おもちゃ花火が1億5320万円、打ち上げ花火が3172万円であった。

1960年（昭和35）では、おもちゃ花火が3億1815万円、打ち上げ花火が4413万円で、おもちゃ花火に至っては2年間で倍増しており、打ち上げ花火についても約40％の増加となっている。

また、花火の総生産額に対する輸出の割合は、おもちゃ花火が全体の約27％、打ち上げ花火は約12％ある。

以上の数値から、当時の日本の花火の生産額、輸出額ともにおもちゃ花火が圧倒的な額を占めていることがわかる。

主流であるおもちゃ花火について、当時どのようなものが輸出されたかというと、クラッカーボール（かんしゃく玉）、クリスマスクラッカー、ススキ、笛花火、ロケット、人工衛星などで、発音するものや飛翔するものなど、いかにも欧米人が喜びそうな製品が主であった。

これらの製品については、ロケットのように諸外国でも類似の製品があるものの、ほとんどが日本の花火メーカーが苦心して発明したものであり、いかに戦後の花火製造技術が発展したか理解できるとともに、当時の為替レートからして、相当有利にビジネスが進んだと思われる。

主な輸出先については、おもちゃ花火、打ち上げ花火ともに輸出していた国が、アメリカ、オーストラリア、西ドイツ、フランス、ベルギー、オランダ、スイスなどで、おもちゃ花火のみを輸出していた国では、ナイジェリア、イラク、バーレーン諸島、サウジアラビア、ヨルダン、シリア、スエーデンなどの国であり、その他アジア諸国、アフリカ諸国、南米諸国などを入れると、ほとんど世界中へ輸出していたことになる。

とくにアメリカに対する輸出額は、おもちゃ花火が全体の約76%、打ち上げ花火では約57%を占めており、最大の輸出相手国である。

当時の花火産業は、統計からもわかるように、おもちゃ花火の製造がウエートを占めていた時代で、現在の打ち上げ花火専門のメーカーの中には、かつてはおもちゃ花火専門メーカーであったところや、おもちゃ花火の製造も兼業としていたところが複数ある。

また花火の輸出業務の特殊性から、大手花火メーカーや花火問屋の中には新たに貿易部門を設けるところや、花火を専門に扱う貿易商社なども誕生し、花火業界あげて輸出への努力を行ったことも事実である。

このような業界の輸出振興への貢献は、やがて1964年（昭和39）に当時の通商産業省が輸出貢献企業の認定制度を発足させた際に、日本煙火協会が証明団体として指定されることに至った。

この制度は、1970年（昭和45）頃まで続き、多くの花火貿易商社や花火メーカーが認定されるとともに、とくに貢献度が高い会社に対して総理大臣表彰を授与された会社もある。

打ち上げ花火の輸出については、イタリアやスペインなど、もともと花火メーカーが多く存在し、自国製品にこだわる国は別として、真ん丸く開花する日本の球状花火の芸術性と経済性の高さが評判を呼び、主にアメリカ、ヨーロッパ、オーストラリア方面へ多く輸出された。

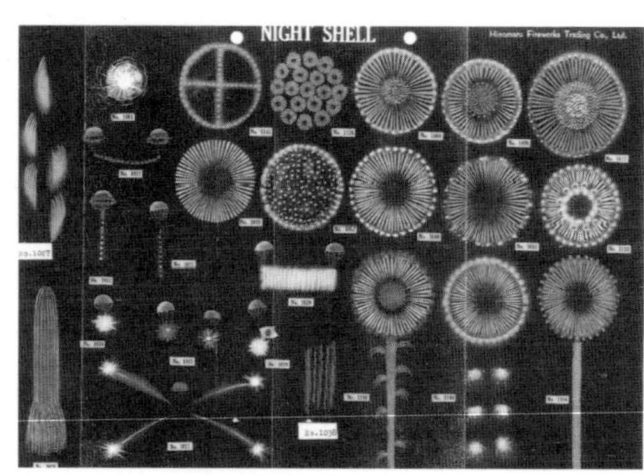

1957年（昭和32）頃の花火輸出用英文カタログ

アメリカでは、毎年7月4日の独立記念日に古くから全国各地で大量の花火を打ち上げる習慣がある。また、さまざまなイベントや各地に点在する遊園地などでアトラクションとして花火を打ち上げることも多い。

ヨーロッパでもフランスのパリ祭（フランス革命記念日）をはじめ、各国のさまざまなイベントなどで1年を通じ花火を打ち上げる機会が多い。

これらの欧米諸国については、ほとんどの国が伝統的な円筒形型の花火玉を使用していた。

アメリカにおいても、日本の花火が明治時代に輸入されるまでは、もともとすべて円筒形型花火を打ち上げていた国であるが、電気点火技術をいち早く取り入れるなど、花火演出を重視する国でもあることから、戦後の日本の花火の製品価値に興味を示したと思われる。

一方、打ち上げ花火を製品輸出する場合は、おもちゃ花火と異なりさまざまな問題をクリアしなければならないことも事実である。

花火玉のサイズだが、基本的には諸外国の打ち上げ業者などが普段使用している打ち上げ筒の内径に、日本の花火玉のサイズを合わせなければならないことである。

海外の花火業者は、ほとんどがインチサイズの打ち上げ筒を使用しており、とくに物量的に使用する花火玉は3インチ、4インチ、5インチ、6インチなどの小型・中型サイズが多い。

このインチサイズを日本の花火玉の寸法（寸・号）にあてはめると、3インチが2.5号に、6インチが5号（5寸）に該当するものの、4インチ、5インチについては合致せず、玉張りなどの工程で張り数などを調整しサイズを合わせることもできない。

したがって、花火玉の製造工程からも、まず始めに輸出用の玉皮製作の依頼からしなければならないことなる。

しかも輸出玉の仕様は、基本的に花火玉、打ち上げ火薬と、それに点火するための速燃性のロングヒューズ（黒色粉火薬を糸に含ませクラフト紙で被覆したもの）を付けた状態で出荷しなければならない。

さらに当初は夜物の花火玉全体には青色塗装を、昼物の花火玉には赤色塗装をする作業があり、手間やコスト的にも国内向けより効率的な仕事とはいえなかったことも事実であった。

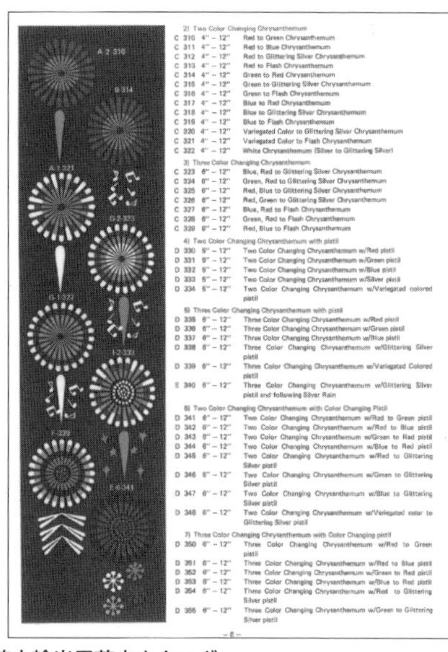

2) Two Color Changing Chrysanthemum

C 310 4" – 12" Red to Green Chrysanthemum
C 311 4" – 12" Red to Blue Chrysanthemum
C 312 4" – 12" Red to Glittering Silver Chrysanthemum
C 313 4" – 12" Red to Flash Chrysanthemum
C 314 4" – 12" Green to Red Chrysanthemum
C 315 4" – 12" Green to Glittering Silver Chrysanthemum
C 316 4" – 12" Green to Flash Chrysanthemum
C 317 4" – 12" Blue to Red Chrysanthemum
C 318 4" – 12" Blue to Glittering Silver Chrysanthemum
C 319 4" – 12" Blue to Flash Chrysanthemum
C 320 4" – 12" Variegated Color to Glittering Silver Chrysanthemum
C 321 4" – 12" Variegated Color to Flash Chrysanthemum
C 322 4" – 12" White Chrysanthemum (Silver to Glittering Silver)

3) Three Color Changing Chrysanthemum

C 323 6" – 12" Blue, Red to Glittering Silver Chrysanthemum
C 324 6" – 12" Green, Red to Glittering Silver Chrysanthemum
C 325 6" – 12" Red, Blue to Glittering Silver Chrysanthemum
C 326 6" – 12" Red, Green to Glittering Silver Chrysanthemum
C 327 6" – 12" Blue, Red to Flash Chrysanthemum
C 328 6" – 12" Green, Red to Flash Chrysanthemum
C 329 6" – 12" Red, Blue to Flash Chrysanthemum

4) Two Color Changing Chrysanthemum with pistil

D 330 5" – 12" Two Color Changing Chrysanthemum w/Red pistil
D 331 5" – 12" Two Color Changing Chrysanthemum w/Green pistil
D 332 5" – 12" Two Color Changing Chrysanthemum w/Blue pistil
D 333 5" – 12" Two Color Changing Chrysanthemum w/Silver pistil
D 334 5" – 12" Two Color Changing Chrysanthemum w/Variegated colored pistil

5) Three Color Changing Chrysanthemum with pistil

D 335 6" – 12" Three Color Changing Chrysanthemum w/Red pistil
D 336 6" – 12" Three Color Changing Chrysanthemum w/Green pistil
D 337 6" – 12" Three Color Changing Chrysanthemum w/Blue pistil
D 338 6" – 12" Three Color Changing Chrysanthemum w/Glittering Silver pistil
D 339 6" – 12" Three Color Changing Chrysanthemum w/Variegated Colored pistil
E 340 6" – 12" Three Color Changing Chrysanthemum w/Glittering Silver pistil and following Silver Rain

6) Two Color Changing Chrysanthemum with Color Changing Pistil

D 341 6" – 12" Two Color Changing Chrysanthemum w/Red to Green pistil
D 342 6" – 12" Two Color Changing Chrysanthemum w/Red to Blue pistil
D 343 6" – 12" Two Color Changing Chrysanthemum w/Green to Red pistil
D 344 6" – 12" Two Color Changing Chrysanthemum w/Blue to Red pistil
D 345 6" – 12" Two Color Changing Chrysanthemum w/Red to Glittering Silver pistil
D 346 6" – 12" Two Color Changing Chrysanthemum w/Green to Glittering Silver pistil
D 347 6" – 12" Two Color Changing Chrysanthemum w/Blue to Glittering Silver pistil
D 348 6" – 12" Two Color Changing Chrysanthemum w/Variegated color to Glittering Silver pistil

7) Three Color Changing Chrysanthemum with Color Changing pistil

D 350 6" – 12" Three Color Changing Chrysanthemum w/Red to Green pistil
D 351 6" – 12" Three Color Changing Chrysanthemum w/Red to Blue pistil
D 352 6" – 12" Three Color Changing Chrysanthemum w/Green to Red pistil
D 353 6" – 12" Three Color Changing Chrysanthemum w/Blue to Red pistil
D 354 6" – 12" Three Color Changing Chrysanthemum w/Red to Glittering Silver pistil
D 355 6" – 12" Three Color Changing Chrysanthemum w/Green to Glittering Silver pistil

– 6 –

1965年（昭和40）頃の花火輸出用英文カタログ

一方国内需要では、当時の打ち上げ花火メーカーは現在のように製造設備が整った工場はなく、夏場以外の仕事も少ない場合が多く、１年のサイクルからすると冬場の工場稼働率がよくない状態であった。

これらの悪循環を解消したのが輸出の仕事だ。とくに７月４日のアメリカ独立記念日に向けての輸出は、海上輸送の面からも相当納期が早まるため、冬場の工場稼働率の向上と、資金繰り面からも貴重な仕事であった。

日本の花火の輸出については、おもちゃ花火は1969年（昭和44）の９億4000万円、打ち上げ花火については1985年（昭和60）のアメリカ建国200年の14億8000万円をピークに、中国の進出や為替相場の変動などにより後退を余儀なくされ、現在、工業製品としての輸出はほとんどない状態となった。

（河野）

第3章

資料編

1957年（昭和32）に行われた川開きの花火
「川開き」（中央区立京橋図書館蔵）

3-1　奈良に残された花火のレシピ

花火の世界は一子相伝、口伝で伝えることが多く、記録が残りにくい。だが、奈良の小山煙火製作所には江戸時代や明治時代の花火の配合帳が伝わっている。なお、1895年（明治28）に地元高田警察署から出された許可書も残っている。

奈良でこうした配合帳が発見されたのは、鍵屋の初代篠原弥兵衛が奈良の出身であることや、鉄砲作りが盛んであった根来の本拠地根来寺があることなどと無関係ではないだろう。また、五条では、あまり知られてはいないが、「堺の弾薬蔵」と呼ばれるほどに焔硝製造が盛んであった。堺は鉄砲作りが盛んであるばかりでなく、古くから港町として開けていたため薬品類が入手しやすい。こうした堺と交流があったことも関係しているかも知れない。

小山家は30代以上も続く旧家で、代々酒を作っており、その傍ら花火を作っていたようで、1868年（明治元）に亡くなった小山宗次郎は、隠居後の楽しみとして花火を作っていたという。もっとも、宗次郎の次の代である伊十郎の時には大田栄次郎という職人がいたといわれており、伊十郎は自らが直接花火術に従事することはなかったようである。伊十郎の次の奈良作が分家して花火製作所専業となった。

残されていた配合帳のうち最古のものは、1826年（文政９）のものである。３冊の配合帳に共通していえることだが、広く人に伝えるために書かれたものではないため、すべて符丁で書かれている上に、所々に口伝との書き込みがある。配合の割合が文字で記されているだけでなく、製造の手順が必要に応じて図入りで書かれており、これをじっくり読めば実際に花火を作ることができるだろう。配合帳というよりもレシピといった方がしっくりとする。

花火に使われる火薬は、硝石と硫黄と木炭粉を配合した黒色花火なのだが、最古の配合帳では、硝石と木炭だけで硫黄が欠けた記述が散見される。

1876年（明治９）に作られた配合帳は「火術極傳記」というタイトルがつけられており、やはり、広く人に伝えるためのものではなく「他に見せる事無用」

と書かれている。使用されている薬品の数が最古のものに比べてかなり増えたのが特徴かもしれない。

この中に塩酸カリという記述があるのだが、実は、花火への塩酸カリの使用は1877年（明治10）からとされている。しかし、この事実を紹介した本ではこの「火術極傳記」はコピーであったので、もしかしたら後年書き加えたのではないかという可能性もある。江戸時代には花火は単色であったが、この配合帳には「赤光星」「白銀星」「桃色」「青光星」「藤色」の配合が記されていることからこの頃には、花火がさまざまな彩色で彩られるようになっていたことがうかがえる。

この後の1892年（明治25）のものは、1890年（明治23）のものの写しで「煙火調合簿」と書かれており、「火術極傳記」と重複している部分が多い。使用されている薬品もほとんど同じだが、鶏冠石が多用されている。そして、この本には赤爆が出てくる。ただし、慎重に作業するようにと注意を促している。

花火の許可のことや、塩酸カリの記述など、傍証できる資料がないため書かれていることが真実かどうか定かではないものの、花火の製造方法を詳しく記載されているものが少ないため、貴重な資料といえるだろう。（加唐）

3-2　五箇山と焔硝（えんしょう）

1995年（平成７）、ユネスコの世界文化遺産に登録された富山県南砺市の五箇山。倶利伽羅（くりから）峠の戦いで木曽義仲に敗れた平家の落人たちが住み着いたという平家落人伝説をもつ場所でもある。合掌造りと呼ばれる独特の茅葺の建物が有名だ。

ここは、５つの谷を表す言葉が変化した五箇山という地名が示すように山深い場所にあり、外へ通じる道路が１本しかない、人の入らない原野、原生林が近くにあるという地理的条件を生かして、江戸時代以前から火薬の原料となる焔硝を作っていた。

記録によれば、1572年（元亀３）、現在の大阪城のあるとこにあった石山本願寺と織田信長の戦いに弾薬を作って送ったという。この時、本願寺では北陸の一向宗の戦闘準備強化のため金沢御坊（現在の金沢城）に鉄砲を送り、使用する火薬は五箇山で製造するよう技術者を派遣した。また、五箇山の西勝寺では洲崎恒念を連れて堺へ行き焔硝の製法を習得させて戻ってきたという。

この後、1580年（天正８）に越中を治めることになった佐々成政へ、毎年少しずつ焔硝を差し出しており、1602年（慶長７）に初めて加賀藩に硝煙を差し出し、翌年から正式に2000斤（1200kg）を上納して以来、加賀藩の黒色火薬の原料として使用されることになった。

天然の硝石が取れない日本において、五箇山の焔硝づくりは貴重な存在であった。隣接する幕府領の飛騨白川郷でも五箇山の焔硝が流入して作られるようになったのではないかと思われているが、この白川の焔硝が五箇山を経由して、仙台藩や米沢藩といった東北の外様藩に売られていた時期もあったようだ。そのため、幕府はこの五箇山を抱える加賀藩を恐れていたともいわれている。

五箇山の焔硝製造は1887年（明治20）頃まで続いたが、その後途絶えてしまった。1945年（昭和20）に金沢の陸軍第９師団司令部から問い合わせがあり、焔硝を作るように要請があったが、技術が絶えて久しく、村の古老たちの記憶を頼りに製造方法をまとめているうちに終戦を迎えてしまったという。

さて、焔硝の製造方法であるが、まず、住居の床下を男性が立って歩けるくらいに掘り下げ、夏の間に牛肥を土と混ぜ、その上に稗殻、蓬、煙草などを積み重ね、これに下肥をかけて３、４年寝かせておき、冬になってから大きなたれ桶に水と一緒に入れ、あくを取り除き煮詰めると赤くなり、さらに煮詰めると真っ白い粉末が残る。

こうした焔硝を作れるのは限られた家の特権で、株と称して売買されていた。焔硝は１か所に集められ、加賀藩に納められた。加賀藩からは無利子の米が貸し下げられ、これを一般に貸し付けて巨万の富を得ていたという。のちには加賀藩だけでなく、大坂や名古屋などにも納めていたようだ。　（加唐）

3-3　伝統的花火

いわゆる、打ち上げ花火、仕掛け花火、およびおもちゃ花火のほかに、これらのどれにも属さない、伝統煙火といわれる花火がある。大筒、手筒に代表される噴出（ふんしゅつ）系の花火、龍勢（りゅうせい）に代表されるロケット花火、金魚および綱火などがある。これらは、五穀豊穣等を祈願する神事と結びついたものが多い。

1）噴出花火（手筒、大筒）

噴出花火とは、荒縄を巻くことで補強した孟宗竹（もうそうだけ）の筒に、噴出口を設けた木製あるいは土製（粘土を固めたもの）の鏡、鉄粉を混ぜた黒色火薬、底留用の新聞紙あるいは赤土を配置したものであって、点火により噴出口から鉄の燃焼に伴う鮮やかな橙色の火花を噴水状に噴出させるもの。人間が手で持って、あるいは抱えて噴出させるものを手筒と呼び、櫓等に固定して噴出させるものを大筒と呼ぶ。

愛知県豊橋市の吉田神社が発祥とされ、「三河国古老伝」には、1558年（永禄元）祭礼祀の花火開始、「吉田神社略記」には、1711年（正徳元）に手筒花火の巨大化の記述が、同神社の手筒花火発祥之地記念碑にある。手筒の起源は、戦争の際に使用された狼煙（のろし）の技術といわれているが、その後、氏子により五穀豊穣、無病息災、家運隆盛、武運長久の祈念する祭りの一部として発達したようである。同時に、若者が手筒を手造りし自らそれを披露することにより、技術伝承と勇気の証を示し、大人社会への仲間入りをアピールする通過儀礼的な側面も見受けられる。

手筒花火は、上記発祥の地とされる吉田神社を中心に、愛知県の三河地方および静岡県の遠州地方西部でとくに盛んに行われている。この地方では、４月から９月までの間の週末であれば、どちらかでかならず見ることができるほどである。このほか、滋賀県大津市日吉神社のみたらし祭、長野県伊那谷箕輪町のみのわ祭り、静岡県三島市三嶋大社の夏祭り、同県東伊豆町片瀬・白田温泉の炎艶火、同県下田市河内諏訪神社の例大祭、岐阜県岐阜市の手力の火祭、同県高山市の飛騨高山手筒花火、千葉県佐倉市市民花火大会、群馬県館林市の館林手筒花火大会、北海道登別市の地獄の谷の鬼花火等でも見ることができる。

ただし、三河・遠州地方も含めこれらの中には、かならずしも神事や伝統とは密接に結びついておらず、最近のブームの影響を受けて比較的最近になって始められたものある。

大きさとしては、片手で持って消費する、火薬量200g程度、長さ30cm程度の通称ヨウカンと呼ばれるもの、片手で抱えて消費する、火薬量400～800g程度、長さ60～80cm程度のもの、両手で抱えて消費する、火薬量1600g～4000g程度のもの、櫓等に固定して消費する、火薬量4800～6000g程度の大筒と呼ばれるものがある。とくに三河地方をはじめとしてもっとも盛んに行われているのが、両手で抱えて消費するタイプの手筒花火であって、筒の直径は10cm、長さは80～100cm程度で、噴出時間は数十秒、噴出する火の粉は十数メートルに達する。一般には、3種類の火薬を3ブロックに分けて詰め、噴出の際の火花の大きさを3段階に大きくしている。噴出火薬が燃え尽きる寸前に、ハネ薬（ハネ粉）と呼ばれる火薬に点火・爆発させることで、底部に詰めてある新聞紙を噴出方向とは逆（底の方向）に吹き飛ばし、底を抜くことで、噴出をメリハリよく止めるのが特徴である。このタイプの手筒は底が抜ける際に火薬が生成するガスが勢いよく底から噴出するため、不動の姿勢で支える必要がある。一方、遠州新居の手筒は片手で抱えて消費するタイプである。ここの手筒花火はハネ薬を使用せず、底が抜ける心配がないことから、片手で抱えて自由に練り歩き、次から次へと点火するのを特徴としている。

手筒花火で噴出に使われる火薬は、十二一（トニイチ）の黒色火薬（硝石10、硫黄2、木炭1の組成の黒色火薬）を基本としており、それに鉄粉を混ぜたものを使用する。鉄粉が混じった黒色火薬は、鉄の酸化等によって燃焼性能が変化しやすく、その寿命はほぼ1日といわれている。このため実際の配合は、填薬の直前に、焼酎を含ませることで湿潤させて機械的刺激に対する感度を下げた状態の黒色火薬に鉄粉を混合することで行う。火薬を充填された手筒も1日以内に消費する必要があるといわれている。ハネ薬としては少量の黒色小粒火薬を用いる。手筒花火の製作は、消費者自らが行うことを原則としている。製作は、竹の選択、採取、節落とし、縄巻、火薬への鉄粉の添加、および填薬等からなるが、とくに鉄粉の添加および填薬の工程は、火薬類の製造行為に当たるために火薬類取締法の規制を受ける。このため、これらの工程は、火薬類取締法に従った花火の製造所等において、火薬類製造の資格を有する技術者の指導のもとに行われなくてはならない。

2）龍勢（流星）

噴射口を備え黒色火薬を詰めた筒状の容器と落下傘（パラシュート）およびその他の仕掛けを備えたロケット花火。構造的には、前述の噴出花火（手筒、大筒）と類似している。鎌倉時代に元寇で元軍が使用した武器のひとつが、その後戦国時代に狼煙や武器として使用され、各地に伝わったのが起源といわれている。埼玉県秩父市下吉田、静岡県静岡市清水区草薙（くさなぎ）、静岡県藤枝市岡部町新舟、滋賀県米原市、滋賀県甲賀市甲南町竜法師で伝承されているが、それぞれの特徴がある。また、タイ、ラオスなど東南アジアにもこれらと類似した伝統的ロケット花火が存在することが知られている。

①　吉田の龍勢

埼玉県秩父市下吉田にある椋（むく）神社の例大祭（毎年10月の第２日曜日）である龍勢祭りにおいて、常設の発射櫓から昼間に垂直に打ち上げられるロケット花火であり、埼玉県の無形民俗文化財に指定されている。連と呼ばれる27の流派がこの花火を製作するが、その数は毎年三十数発、打ち上げられた龍勢は、300～500m程度上昇し、上空で矢柄止と呼ばれる落下傘を開いて矢柄全体を吊り降ろすと同時に、唐傘を放ったり発煙したりする仕掛けも有する。長い竹竿（矢柄）の先端部分に噴射口を備え黒色火薬を詰めた松材製の筒状容器（火薬筒）を固定し、背負い物（ショイモノ）と呼ばれる落下傘およびその他の仕掛けは火薬筒に取り付けられる。2011年（平成23）に放映された、秩父を舞台にしたテレビアニメ「あの日見た花の名前を僕達はまだ知らない」の重要なシーンで採用されたことで知られている。火薬を扱うための法律に合致した専用の常設共同工室があり、火薬類製造保安の資格を有する技術者の指導のもとに製造される。

②　草薙の龍勢

静岡県静岡市清水区にある草薙神社の例大祭（毎年９月20日）において、専用の常設櫓から昼および夜に垂直に打ち上げられるロケット花火であり、静岡県の無形民俗文化財に指定されている。昼間に白煙を吹き出して青空を上昇する姿を舞い上がる龍に見立てて龍勢、夜間の星空の中、火焔を吹き出して飛翔する姿を流れ星に見立てて流星と呼ぶ。草薙神社龍勢保存会のメンバーの10流派が製作するが、その数は2015年（平成27）の実績で昼12発、夜10発であった。直径60～70mm、長さ１m足らずの竹筒に詰め込まれた黒色火薬がモーター部分となり、主落下傘を含む、中小落下傘、トラ、蜂、煙龍（えんりゅう）、笛、変化星等の仕掛けを組み込んだロケットが、尾竹（おだけ）と呼ばれる長い竹竿の先端に固定される。

③　朝比奈の大龍勢

静岡県藤枝市岡部町にて２年に１度（10月第３土曜日）開催される、朝比奈（あさひな）の大龍勢と呼ばれる祭りにおいて、高さ約20mの専用の櫓から昼および夜に垂直に打ち上げられるロケット花火であり、草薙の龍勢と同様に静岡県の無形民俗文化財に指定されている。戦国時代、この地に居を構えた、今川氏の家臣である岡部氏と朝比奈氏が緊急連絡のために使っていた狼煙が起源といわれている。大字単位で構成される13の龍勢連が個別に伝承される技法によりそれぞれの龍勢を製作している。基本的な構造は､落下傘と仕掛けを収納する「ガ」と呼ばれる頭部分、ガの直下に「吹き筒」と呼ばれる長さ約45cmの竹製燃焼筒とそれらが取り付けられる尾と呼ばれる長い真竹の竿からなる。

昼の部の仕掛けは煙龍、夜の部の仕掛けは落花（下？）傘の下部に花火が連なった連星あるいは落下傘部分が発光する「花笠（はながさ）」が中心となり、昼夜とも

10～15発が打ち上げられる。

④　米原の流星

関ヶ原の合戦で、西軍の石田三成軍が佐和山城にいる味方へ戦況を伝えるために使用したと言われるロケット花火が起源といわれ、それが、滋賀県米原市を中心とする旧中山道周辺の集落において口伝で伝承されてきた。大きな合戦がなくなるにつれ、縁起物として変化してきたと考えられ、地元の祭り、大きな建物の完成、霊仙山の山開き、祝い事等の際に打ち上げられるようになった。1968年（昭和43）に滋賀県の無形民俗文化財に指定されているが、定期的に打ち上げられるわけではなく、打ち上げを伝承する地区が参加して催されるイベントでのみ打ち上げられている。国内の龍勢/流星の中では、もっとも原始的な形で伝承されてきているために、学術的な価値も高いとされている。

先端部に直径約15cm、長さ約40cm、重量約2kgの黒色火薬を詰めた鉄管を長さ4～5mの竹竿に固定し、鉄管の周りに落下傘（矢吊り）のほか、仕掛けの日傘等および竹製のバネを圧縮して紐で固定、さらにその紐の一部は鉄管最奥部にあらかじめ通しておく。着火により鉄管内の黒色火薬は噴出口側から順次燃焼し、その燃焼の進行により紐が焼き切られると、圧縮されていた竹製のバネが開放され、その力で紐がすべての束縛を解き放つことにより、落下傘およびその他の仕掛けを分離し展開させる。総重量15～18kgであり、尾竹に矢羽を取り付け、簡易的な発射台を用いて垂直ではなく斜め上に打ち上げるのを特徴とする。

⑤　瀬古の流星

火伏と火薬の神様といわれる滋賀県甲賀市甲南町竜法師瀬古の薬師堂の会式の日（毎年9月12日）の夜に、薬師堂付近で打ち上げられるロケット花火。この地方は、甲賀流忍術発祥の地であり、忍者が合図のために打ち上げた狼煙を伝えたものとされる。ここでの打ち上げは昭和初期から途絶えていたが、火薬の配合が記されていた「瀬古青年買物控」の発見を契機に1976年（昭和51）

に復活した。

落下傘、仕掛け等を含まない小型のロケット花火約120発を簡易的な発射台（パイプを斜めに固定したもの）から打ち上げ、和火の軌跡を観賞するもので、打ち上げは夜のみ、また、打ち上げの角度等は統一されていない。

3）金魚花火

愛知県岡崎市にて1822年（文政5）頃に開発されたといわれる、水中花火。水中で、火の粉を吹き出しながら動くことから、「美しい金魚が泳ぐように水中を舞う」と評され、金魚花火と呼ばれた。1868年（明治元）7月19日に、同地菅生神社の宵宮祭りにて金魚花火が放たれたとの記録が残っている。現在受け継がれている金魚花火は、1871年（明治4）頃に同地の花火職人である通称「研せん」が金魚花火の改良により完成させた「錦魚煙火」であり、1877年（明治10）には、同じく同地の別の花火職人が、洋火の原料となる塩素酸カリウムを用いて、強く光り輝く「銀魚煙火」を開発している。現在では、本来の和火で構成される錦魚、強い光の銀魚に加え、さらに洋火の技術を取り入れた、赤、緑等の色火を用いたカラフルなものまでを総称して「金魚」、「金魚花火」あるいは「金魚煙火」と呼ぶ。

もともとの金魚花火は、片方に節を残した全長15cm程度の乾燥させた葦の茎に、浮きの役割をさせるための麦わらを2～3cmほど詰め、さらに黒色火薬を充填したものを10本程度束ねて紙で巻いたものである。これは、点火して水に放つと、火薬の噴射力で水上を進み、やがて巻いてあった紙が切れると、今度は束ねられた筒がバラバラに別れ、四方八方に泳ぎだす。現在は葦の茎の代わりに紙管、麦わらの代わりに発泡スチロール製の浮きが使われるようである。

4）綱　火

茨城県つくばみらい市高岡の高岡愛宕神社の例祭（毎年8月下旬）および同市小張の小張愛宕神社の例祭（毎年8月24日）でそれぞれ奉納される、あやつり人形と仕掛け花火のコラボパフォーマンス。高岡、小張ともに国指定の重要無形民俗文化財に指定されている。地上５～８間（約９～14.5m）の高さの空中に張った親綱を基とし、縦横に張り巡らされた数十本の綱の操作により複数の（あやつり）人形を用いた人形芝居を演ずると同時に、これらの人形および小道具、大道具等に仕掛け花火をつけ、その所作ごとに花火を変化させつつ芝居の場面を展開させるもの。高岡地区の高岡流は別名「あやつり人形仕掛花火」と呼ばれる一方、小張地区の小張松下流は「三本綱からくり花火」と呼ばれており、戦国時代末「小張城主松下石見守」が戦勝祝い祈願のために考案したと伝えられる説、また火伏せの祈願との説もある。（新井）

Column 花火で憂さを晴らしたお殿様

カラオケで歌う、バッティグセンターに行って打ちまくる、甘いものを大量に食べるなどして憂さを晴らすという人もいるだろう。

かつて、むしゃくしゃして、大量の花火を打ち上げた人物がいた。福井藩の松平春嶽、土佐藩の山内容堂、宇和島藩の伊達宗城とともに幕末の四賢公のひとりに数えられている島津久光だ。四賢公のうち、唯一、藩主経験者ではない。

久光は、大河ドラマの主人公にもなった篤姫の養父・島津斉彬の腹違いの弟で、斉彬が藩主になる際に久光を藩主にしようとする一派との間でお家騒動が起きた。本人たちは仲が悪くはなかったようで、斉彬は自分の死後、弟の久光か久光の子忠義に後を継がせるように遺言している。遺言通り、久光の子・忠義が薩摩藩主となった後、久光は藩主の父親として幕政を掌握した。

幕末の改革を推し進めた長州藩や薩摩藩らは、幕府を倒して天皇を中心にした新しい社会システムを作ろうとしたといわれている。しかし、久光は新しい社会システムを作ろうとはしたが、幕府を倒そうとは考えていなかった節がある。自分の行列を横切ろうとしたイギリス人を家来が斬ったために生麦事件が起こり、その賠償問題からイギリスとの間で薩英戦争へと発展したことが影響しているだろう。外国との戦いを通して相手の脅威を知った久光は、幕府を倒しては内乱となり、外国に付け入る隙を与えてしまうと考えていたようなのだ。

ところが家来たちが、久光が望まぬ内乱（戊辰戦争）を起こし、新政府で権力を握ったうえ、藩主である久光をないがしろにするようになった。それでも藩がある間は、藩主である久光の方が彼らよりも上の立場にある。

1871年（明治４）７月、藩が廃止され県が置かれることになった。廃藩置県である。薩摩藩士は自分の家来ではなくなったのだ。この知らせが薩摩に届いた８月上旬、久光は家来などに命じて花火を打ち上げさせたという。

実はこの話、久光が行ったことを記録した『島津久光公実記』には記述がない。市来四郎という久光の腹心の家来が人から聞いた話として書き残しているだけである。

（加唐）

全国の主な花火大会

＊本表は、50回以上開催されている花火大会を中心に作成した。そのため、著名な花火大会であっても掲載されていないものがある。

名称	場所	時期	特徴	問い合わせ
北海道				
支笏湖湖水まつり	千歳市	6月下旬	支笏湖の水面に映る花火が美しい	支笏湖まつり実行委員会
洞爺湖 ロングラン花火大会	虻田郡 洞爺湖町	4月28日 ~10月	半年間にわたって行われる花火大会	洞爺湖温泉観光協会
層雲峡温泉 峡谷火まつり	上川郡上川町	7月25日 ~8月15日	花火はまつりの一部として行われる	層雲峡観光協会
あばしりオホーツク 夏まつり	網走市	7月上旬	大玉が中心	あばしりオホーツク夏まつり実行委員会
北見ぼんちまつり 納涼花火大会	北見市	7月中旬	花火大会は2部構成	北見ぼんちまつり実行委員会
ねむろ港まつり	根室市	7月中旬	防波堤から打ち上げる	根室みなとまつり協賛会事務局
むろらん港まつり納涼花火大会	室蘭市	7月下旬	3日間にわたって行われるまつりの初日に行われる	むろらん港まつり実行委員会
大沼湖水まつり	亀田郡 七飯町	7月下旬	1906年（明治39）に水難者を供養するために始められた	七飯大沼国際観光コンベンション協会
もんべつ観光港まつり オホーツク花火の祭典	紋別市	7月下旬	巨大ナイアガラが名物	紋別観光協会
増毛町観光港まつり	増毛郡増毛町	7月下旬	ビアパーティーも同時開催	増毛町観光協会
旭川夏まつり 道新納涼花火大会	旭川市	7月下旬	夏まつりのオープニングイベント	北海道新聞旭川支社事業
函館港まつり協賛 道新花火大会	函館市	8月上旬	函館港まつりのオープニング	北海道新聞函館支社
勝毎花火大会	帯広市	8月13日		十勝毎日新聞社事業局
釧新花火大会	釧路市	8月16日	6部構成で行われる	釧路新聞社総務局事業部
浦河港まつり	浦河郡 浦河町	8月16日	まつりのフィナーレに打ち上げられる	浦河商工議会所
登別地獄まつり	登別市	8月末	まつりの最終日に披露	登別観光協会
青森県				
十和田湖湖水まつり	十和田市	7月中旬	水中スターマインが人気	十和田湖総合案内所
浅虫温泉花火大会	青森市	8月上旬	青森ねぶた祭りの前夜祭	浅虫温泉観光協会
五所川原花火大会	五所川原市	8月3日	スターマインが主	五所川原商工会議所
青森ねぶた祭協賛 青森花火大会	青森市	8月7日	ねぶた祭の最終日に開催	青森花火大会実行委員会事務局
十和田市花火大会	十和田市	8月15日	市街地で行われる	十和田商工会議所
岩手県				
一関夏まつり磐井川 川開き花火大会	一関市	8月 第1金曜日	一関夏まつりの初日に行われる	一関まつり実行委員会
北上みちのく芸能まつり 「トロッコ流しと花火の夕べ」	北上市	8月 第2日曜日	まつりの最後に披露される	北上観光コンベンション

秋田県				
本荘川まつり花火大会	由利本荘市	8月 第1土曜日	灯籠流しも行われる	由利本荘市 観光協会本荘支部
阿仁の花火大会と灯籠流し	北秋田市	8月16日	灯籠流しにあわせて行われる	四季美館
全国花火競技会 「大曲の花火」	大仙市	8月中旬	1910年（明治43）から続く花火競技大会	大曲商工会議所
増田の花火	横手市	9月14日	秋田県で一番歴史ある花火大会	増田観光物産センター 「蔵の駅」
山形県				
東北花火大会	米沢市	7月30日	吾妻山をナイアガラで再現	米澤新聞社
金山町納涼花火大会	最上郡金山町	8月16日	金山まつりの最後を彩る	もがみ北部商工会金山事務所
真室川まつり花火大会	最上郡 真室川町	8月17日	真室川まつりのフィナーレ	真室川町観光物産協会
宮城県				
塩竈みなと祭 前夜祭　花火大会	塩竈市	7月 第〇日曜日	祭の前夜祭として行われる	塩竈みなと祭協賛会 事務局
石巻川開き祭り花火大会	石巻市	8月1日	スターマインが中心	石巻川開祭実行委員会
東松島市鳴瀬流灯花火大会	東松島市	8月16日	演芸と花火の競演	東松島市商工会成瀬支社
福島県				
いわき花火大会	いわき市	8月 第1土曜日	創作花火	いわき花火大会実行委員会
茨城県				
とりで利根川大花火	取手市	8月 第1土曜日	利根川大橋開通を祝って行われたのが最初	取手市観光協会
水戸黄門まつり花火大会	水戸市	8月 第1金曜日	千波湖で行われる	水戸観光協会
土浦全国花火競技大会	土浦市	10月 第1土曜日	1925年（大正14）から続く	土浦全国花火競技大会 実行委員会
栃木県				
足利花火大会	足利市	8月の 第1土曜日	1903年（明治36）から続く大会	足利夏まつり実行委員会
おやまサマーフェスティバル 小山の花火	小山市	7月最終日曜日	前日にさまざまなイベントあり	おやまサマーフェスティバル実行委員会
与一の里　大田原佐久山 納涼花火大会	大田原市	8月16日	灯籠流しも行われる	大田原市観光協会
群馬県				
前橋花火大会	前橋市	8月 第2土曜日	空中ナイアガラが名物	前橋花火大会実施委員会
千葉県				
佐倉市民花火大会	佐倉市	8月 第1土曜日	有料席はお土産つき	佐倉市観光協会
水郷おみがわ花火大会	香取市	8月 第1土曜日	100年以上	香取市役所商工観光課
館山観光まつり 館山湾花火大会	館山市	8月 第2土曜日	水上からの打ち上げが有名	館山観光まつり実行委員会

木更津港まつり花火大会	木更津市	8月15日	特大スターマインが圧巻	木更津市観光協会
東京湾口道路建設促進「富津花火大会」	富津市	7月最終土曜日	打ち上げ場所と客席が近い	富津市商工観光課
埼玉県				
小川町七夕まつり花火大会	比企郡小川町	7月最終土曜日	まつりの初日に打ち上げられる	小川町七夕まつり実行委員会
熊谷花火大会	熊谷市	8月第2土曜日	スターマインコンクールあり	熊谷市観光協会
戸田橋花火大会	戸田市	8月第1日曜日	荒川をはさんで板橋区と同時開催	戸田橋花火大会実行委員会事務局
秩父夜祭り	秩父市	12月2日	300年以上続くまつり	秩父観光協会
東京都				
隅田川大花火	墨田区	7月最終土曜日	江戸時代に始まった両国川開きの流れを汲む	隅田川花火大会実行委員会事務局
いたばし花火大会	板橋区	8月第1土曜日	対岸の戸田市と同時開催	板橋区観光協会
青梅市納涼花火大会	青梅市	8月上旬	都営バス路線開通を記念して始まる	青梅市観光協会
神奈川県				
鎌倉花火大会	鎌倉市	7月最終木曜日	水中花火大会	鎌倉花火大会実行委員会事務局
久里浜ペリー祭花火大会	横須賀市	7月第2土曜日	花火以外のイベントも多くある	横須賀市コールセンター
葉山海岸花火大会	三浦郡葉山町	7月21日	森戸海岸がメイン会場	葉山海岸花火大会実行委員会
あつぎ鮎まつり大花火大会	厚木市	8月第1土曜日	大ナイアガラが有名	あつぎ鮎まつり実行委員会
さがみ湖湖上祭花火大会	相模原市緑区	8月第1土曜日	1948年（昭和23）から続く花火大会	相模湖観光協会
箱根強羅夏まつり大文字焼	足柄下郡箱根町	8月16日	1921年（大正10）に開始	箱根強羅観光協会
湘南ひらつか花火大会	平塚市	8月最終金曜日	尺玉などが打ち上げられる	平塚市商業観光課
新潟県				
弥彦燈籠まつり奉祝花火大会	西蒲原郡弥彦村	7月最終土曜日	弥彦燈籠まつりの一環として行われる	弥彦観光協会
長岡まつり大花火大会	長岡市	8月上旬	日本三大花火のひとつ	長岡まつり協議会
新潟まつり	新潟市中央区	8月上旬	3日間にわたって行われる	新潟まつり実行委員会
能生ふるさと海上花火大会	糸魚川市	8月第2土曜日	弁天浜が舞台	能生商工会
とちお祭大花火大会	長岡市	8月末	高台から打ち上げられる	栃尾観光協会
片貝まつり浅原神社秋季例大祭奉納大煙火	小千谷市	9月上旬	世界最大の4尺玉が上がる	片貝煙火協会
長野県				
野尻湖灯ろう流し花火大会	上水内郡信濃町	7月最終土曜日	大正時代から続く大会	信州しなの町エコツーリズム観光協会

信州千曲市千曲川納涼煙火大会	千曲市	8月上旬	山間が会場なので打ち上げ音がこだまする	千曲納涼煙火大会実行委員会事務局
諏訪湖祭湖上花火大会	諏訪市	8月15日	諏訪湖が会場	諏訪湖祭実行委員会
全国煙火競技大会	下高井郡山ノ内町	10月中旬	後継者花火コンテストも同時開催	山ノ内町観光連盟
長野えびす講煙火	長野市	11月23日	1899年（明治32）に始まる	長野商工会議所
山梨県				
山中湖報湖祭	南都留郡山中湖村	8月1日	徳富蘇峰が名づけた花火大会	山中湖観光協会
笛吹川県下納涼花火大会	山梨市	7月下旬	打ち上げ場所と観客席が近い	山梨市花火大会実行委員会
河口湖湖上祭花火	南都留郡富士河口湖町	8月5日	富士五湖まつりの最後に打ち上げられる	河口湖観光協会
南部の火祭り	南巨摩郡南部町	8月15日	江戸時代から続くまつり	南部町産業振興課内火祭り実行委員会事務局
石和温泉花火大会	笛吹市	8月下旬	笛吹市夏祭りの最後に披露	
静岡県				
新居諏訪神社奉納煙火祭礼	湖西市	7月下旬	2日間にわたって行われる	湖西市新居支所
安倍川花火大会	静岡市葵区	7月下旬	供養祭の一環として開催	安倍川花火大会本部
夏季熱海海上花火大会	熱海市	7月下旬から8月下旬	期間中複数回行われる	熱海市観光協会
かんざんじ温泉灯籠流し	浜松市西区	7月下旬	浜名湖畔の温泉街で開催	舘山寺温泉観光協会
鹿島の花火大会	浜松市天竜区	8月上旬	明治時代から続く花火大会	天竜観光協会
清水みなと祭り海上花火大会	静岡市清水区	8月上旬	清水みなと祭りの最終日に打ち上げられる	清水みなと祭り実行委員会
全国花火名人選抜競技会	袋井市	8月上旬	文部科学大臣賞をかけた協議会	ふくろい遠州の花火実行委員会
按針祭海の花火大会	伊東市	8月中旬	按針祭のフィナーレを飾る	伊東観光協会
森町納涼花火大会	周智郡森町	8月15日	先祖供養として打ち上げられる	森町商工会
沼津夏まつり・狩野川花火大会	沼津市	7月下旬	市街地で行われる	沼津市観光交流課
愛知県				
豊橋祇園祭	豊橋市	7月中旬	江戸時代から続くまつりのメイン	豊橋祇園末奉賛会
海の日名古屋みなと祭花火大会	名古屋市港区	7月中旬	大玉連発などが見所	海の日名古屋みなと祭協賛会事務所
岡崎城下家康公夏まつり	岡崎市	8月上旬	岡崎城をバックに花火が上がる	岡崎市観光協会
大須夏まつり	名古屋市中区	8月上旬	手筒花火	大須商店連盟
西尾・米津の川まつり	西尾市	8月15日	戦没者などの霊を慰めるために始まった	西尾観光案内所
せともの祭花火打上	瀬戸市	9月中旬	1932年（昭和7）から続く花火大会	大せともの祭協賛会
岐阜県				
全国選抜長良川中日花火大会	岐阜市	7月下旬	創作スターマインコンクールあり	中日新聞社普及事業課
飛騨高山花火大会	高山市	7月下旬	観光と花火を一緒に楽しむことができる	岐阜新聞ひだ高山総局

全国花火大会	岐阜市	8月上旬	長良川を舞台に行われる	全国花火大会専用ハローダイヤル
美濃市中日花火大会	美濃市	8月上旬	長良川河畔で開催	美濃市観光協会
みずなみ祈願大花火大会	瑞浪市	8月上旬	瑞浪美濃源氏七夕まつりの一環として開催	瑞浪美濃源氏七夕まつり実行委員会
大垣花火大会	大垣市	8月下旬	揖斐川上流で開催	岐阜新聞・岐阜放送西濃支社
三重県				
鳥羽みなとまつり	鳥羽市	7月下旬	超音速スターマインが打ち上がる	鳥羽みなとまつり実行委員会
津花火大会	津市	7月下旬	船上から打ち上げる	津花火大会実行委員会
おわせ港まつり	尾鷲市	8月上旬	港まつりの一環として打ち上げられる	協同組合尾鷲観光物産協会
伊勢神宮奉納全国花火大会	伊勢市	7月中旬	1953年（昭和28）に始まった	伊勢神宮奉納全国花火大会委員会事務局
富山県				
富山新港新湊まつり花火大会	射水市	7月下旬	新湊大橋をバックに開催	射水市港湾観光課
北日本新聞納涼花火（富山会場）	富山市	8月上旬	神通川で行われる	北日本新聞社営業局企画事業部
北日本新聞納涼花火（高岡会場）	高岡市	8月上旬	スターマインの早打ちなどあり	北日本新聞社営業局企画事業部
石川県				
全国選抜北陸中日花火大会	金沢市	8月中旬	創作スターマインコンテストあり	北陸中日新聞事業部
片山津温泉花火まつり	加賀市	8月上旬	連日打ち上げられる	片山津温泉観光協会
和倉温泉夏花火	七尾市	8月上旬	3尺玉が上がる	和倉温泉観光協会
福井県				
福井フェニックスまつり 福井フェニックス花火	福井市	7月下旬	街中で打ち上げる	福井観光コンベンションビューロー
おおの城まつり	大野市	8月中旬	北陸で人気の花火大会	おおの城まつり実行委員会
とうろう流しと大花火大会	敦賀市	8月16日	灯籠流しも一緒に行われる	敦賀観光協会
滋賀県				
高宮納涼花火大会	彦根市	7月中旬	滋賀県で最初に行われる	高宮商工繁栄会
愛知川祇園納涼祭花火大会	愛知郡愛荘町		湖東地方でもっとも古い花火大会	愛荘町愛知川観光協会
京都府				
亀岡平和祭保津川花火大会	亀岡市	8月上旬	保津川緑地東公園で座ってみることができる	
ドッコイセ福知山花火大会	福知山市	8月15日	北近畿最大級の大会	ドッコイセ福知山花火大会実行委員会
宇治川花火大会	宇治市	8月中旬	源氏ろまんをテーマに開催	宇治市観光協会
大阪府				
天神祭奉納花火	大阪市都島区	7月下旬	1000年以上続くまつりの一環	大阪天満宮
岸和田港まつり花火大会	岸和田市	7月下旬	海上保安庁の放水ショーあり	岸和田港振興協会
教祖祭ＰＬ花火芸術	富田林市	8月上旬	世界の平和を祈念して打ち上げられる	「教祖祭ＰＬ花火芸術」公式サイト
猪名川花火大会	池田市	8月15日	兵庫県川西市と共同で開催	池田市観光・ふれあい課
弁天宗夏祭奉納花火	茨城市	8月上旬	桔梗をかたどった花火が上がる	弁天宗宗務庁

和歌山県				
港まつり花火大会	和歌山市	7月中旬	港の安全を祈願するため行われる	和歌山港振興協会
新宮花火大会	新宮市	8月13日	徐福の遺徳を偲ぶために行われる	新宮市役所商工観光課
奈良県				
おんぱら祭奉納花火大会	桜井市	7月末	周囲に高い建物がない	大神神社
宇陀市はいばら花火大会	宇陀市	8月上旬	新作花火なども上がる	宇陀市はいばら花火大会実行委員会
兵庫県				
龍野納涼花火大会	たつの市	8月上旬	和太鼓演奏などがある	たつの市観光協会事務局
淡路島まつり花火大会	洲本市	8月上旬	兵庫県では最大級	淡路島まつり実行委員会
丹波篠山デカンショ祭	篠山市	8月15日、16日	2日間にわたって花火が打ち上げられる	デカンショ祭実行委員会
岡山県				
落合納涼花火大会	真庭市	7月下旬	岡山北部では最大級	真庭商工会落合支所
備中名物成羽愛宕大花火	高梁市	7月下旬	江戸時代から続く花火大会	成羽愛宕大花火実行委員会
広島県				
おのみち住吉花火まつり	尾道市	7月下旬	江戸時代から続く花火大会	尾道商工会議所尾道住吉会
呉の夏まつり「海上花火大会」	呉市	8月上旬	海上から打ち上げる	呉まつり協会
鳥取県				
みなと祭花火大会・灯ろう流し	境港市	7月下旬	灯ろう流しも行われる	境港市観光案内所
市民納涼花火大会	鳥取市	8月15日	鳥取しゃんしゃん祭の最後を飾る	日本海新聞事業課
島根県				
松江水郷祭湖上花火大会	松江市	8月上旬	2日間行われる	松江水郷祭推進会議
浜っ子夏まつり	浜田市	8月上旬	大漁祈願のため始まった	浜田市観光協会
山口県				
宇部市花火大会	宇部市	7月下旬	山口県内最大級	宇部市花火大会実行委員会
ながと仙崎花火大会	長門市	7月下旬	尺玉も上がる	長門商工会議所
香川県				
さかいで大橋まつり海上花火大会	坂出市	8月上旬	瀬戸大橋をバックに花火が打ち上げられる	坂出まつり協賛事務局
さぬき高松まつり花火大会どんどん高松	高松市	8月13日	さぬき高松まつりの2日目に行われる	高松まつり振興会
愛媛県				
にいはま納涼花火大会	新居浜市	7月末	幅400メートルのナイアガラなどがある	新居浜商工会議所
松山港まつり三津浜花火大会	松山市	8月上旬	1時間以上にわたって花火が打ち上がる	松山港まつり事務局
市民納涼花火大会	西条市	8月中旬	400年以上の歴史があるとされている	西条市観光協会
徳島県				
小松島港まつり花火大会	小松島市	7月中旬	小松島港まつりの一環として行われる	小松島港まつり運営委員会事務局
鳴門市納涼花火大会	鳴門市	8月上旬	県外からも多くの人が訪れる	鳴門阿波おどり実行委員会

高知県				
市民祭あしずりまつり	土佐清水市	8月上旬	高知県内では最大級	土佐清水市観光協会
須崎まつり海上花火	須崎市	8月上旬	尺玉などが上がる	須崎まつり振興会
宇佐港まつり	土佐市	8月上旬	花火のほかにカラオケ大会などあり	土佐市役所産業経済課商工労働班
高知市納涼花火大会	高知市	8月上旬	よさこい祭りのオープニングとして開催	高知市観光協会
佐賀県				
九州花火大会	唐津市	7月中旬	唐津城をバックに花火が打ち上がる	佐賀新聞プランニング
玄海町花火大会	松浦郡玄海町	7月下旬	ミュージシャンのライブなどもある	玄海町花火実行委員会
福岡県				
平尾台観光まつり	北九州市小倉南区	7月下旬	おもちゃ花火大会もあり	平尾台自然の郷
西日本大濠花火大会	福岡市中央区	8月上旬	360度鑑賞できる	「西日本大濠花火大会」公式サイト
豊前市みなと祭り	豊前市	8月上旬	宇島港周辺で行われる	豊前市まちづくり課観光振興係
飯塚納涼花火大会	飯塚市	8月上旬	仕掛け花火が見所のひとつ	飯塚商工会議所
筑後川花火大会	久留米市	8月上旬	300年以上の歴史を誇る	筑後川花火実行委員会
大川花火大会	大川市	8月上旬	会場の近くに高い建物がない	大川観光協会事務局
長崎県				
志佐町納涼花火大会	松浦市	8月中旬	灯籠流しもあり	松浦商工会議所
ハウステンボス世界花火師競技会	佐世保市	7月中旬~8月上旬	期間中複数回開催される	ハウステンボス総合案内ナビダイヤル
大分県				
宇佐市みなと祭り	宇佐市	7月中旬	無数の提灯船が出る	宇佐商工会議所
つくみ港まつり納涼花火大会	津久見市	7月中旬	水中花火などが上がる	津久見商工会議所
宮崎県				
みやざき納涼花火大会	宮崎市	8月上旬	さまざまな種類の花火を見ることができる	宮崎商工会議所
御田祭納涼花火大会	臼杵郡美郷町	7月上旬	平安時代から続くまつりの前夜祭	御田祭実行委員会
熊本県				
あゆまつり花火大会	上益城郡甲佐町	7月下旬	あゆまつりのフィナーレを飾る	甲佐町観光協会
火伏地蔵祭納涼花火大会	上益城郡山都町	8月下旬	江戸時代から続く花火大会	
うと地蔵まつり花火大会	宇土市	8月下旬	360年以上続くまつりの一環として行われる	うと地蔵まつり実行委員会事務局
鹿児島県				
和泊町港まつり花火大会	大島郡和泊町	7月下旬	沖永良部島で行われる	和泊町港まつり花火大会実行委員会
奄美まつり花火大会	奄美市	7月末	奄美大島最大のイベント	奄美市役所紬観光課
指宿温泉祭花火大会	指宿市	9月末	指宿温泉の感謝祭	指宿温泉実行委員会
沖縄県				
海洋博公園花火大会	国頭郡本部町	7月中旬	沖縄県最大級	海洋博公園管理センター
名護夏まつり	名護市	7月下旬	まつりのクライマックスで打ち上げられる	名護市商工会青年部

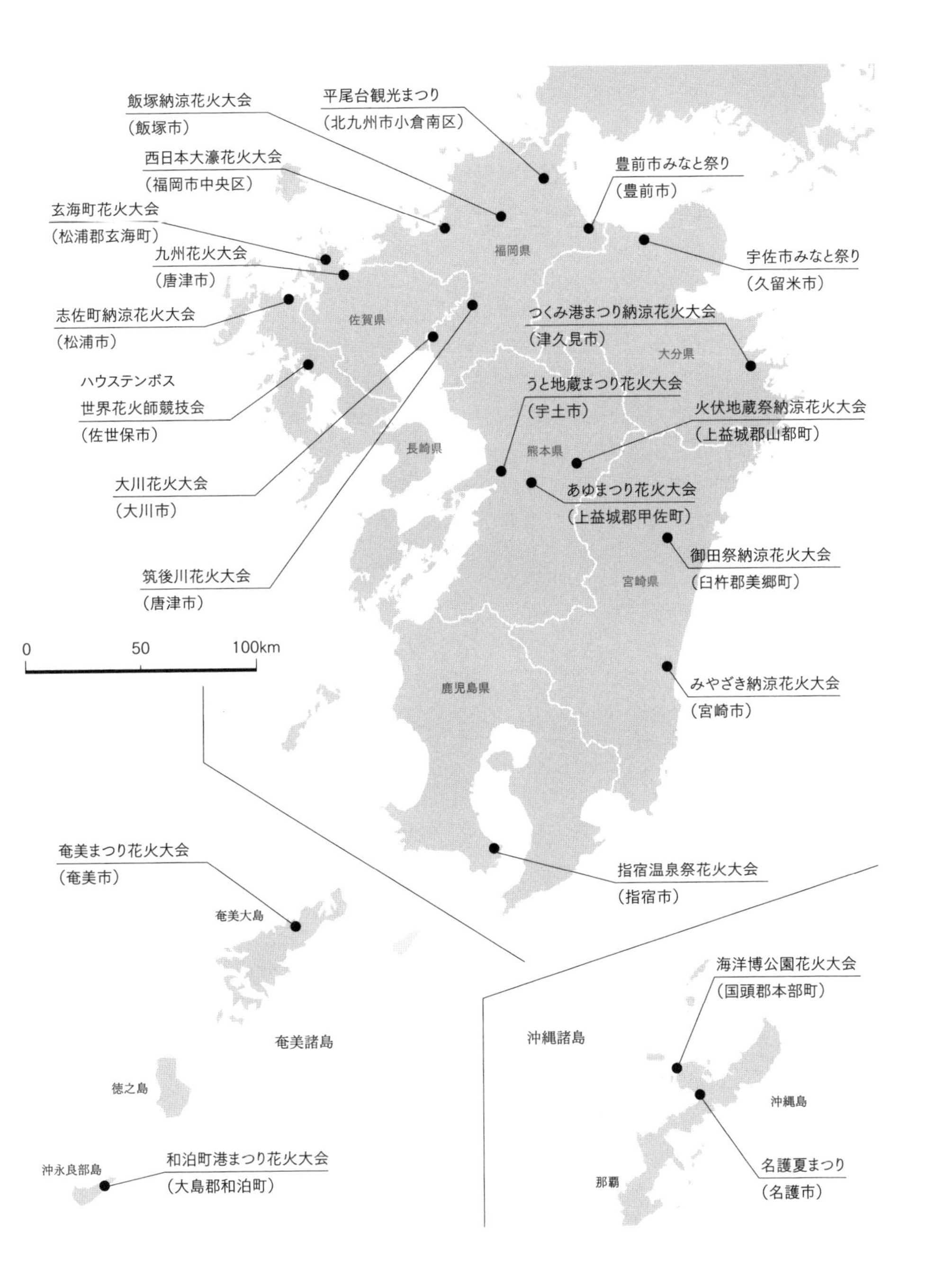
平尾台観光まつり
(北九州市小倉南区)
飯塚納涼花火大会
(飯塚市)
西日本大濠花火大会
(福岡市中央区)
豊前市みなと祭り
(豊前市)
玄海町花火大会
(松浦郡玄海町)
九州花火大会
(唐津市)
福岡県
宇佐市みなと祭り
(久留米市)
志佐町納涼花火大会
(松浦市)
佐賀県
つくみ港まつり納涼花火大会
(津久見市)
大分県
ハウステンボス
世界花火師競技会
(佐世保市)
うと地蔵まつり花火大会
(宇土市)
火伏地蔵祭納涼花火大会
(上益城郡山都町)
長崎県
熊本県
大川花火大会
(大川市)
あゆまつり花火大会
(上益城郡甲佐町)
御田祭納涼花火大会
(臼杵郡美郷町)
筑後川花火大会
(唐津市)
宮崎県
0
50
100km
鹿児島県
みやざき納涼花火大会
(宮崎市)
奄美まつり花火大会
(奄美市)
指宿温泉祭花火大会
(指宿市)
奄美大島
海洋博公園花火大会
(国頭郡本部町)
奄美諸島
沖縄諸島
徳之島
沖縄島
沖永良部島
和泊町港まつり花火大会
(大島郡和泊町)
那覇
名護夏まつり
(名護市)

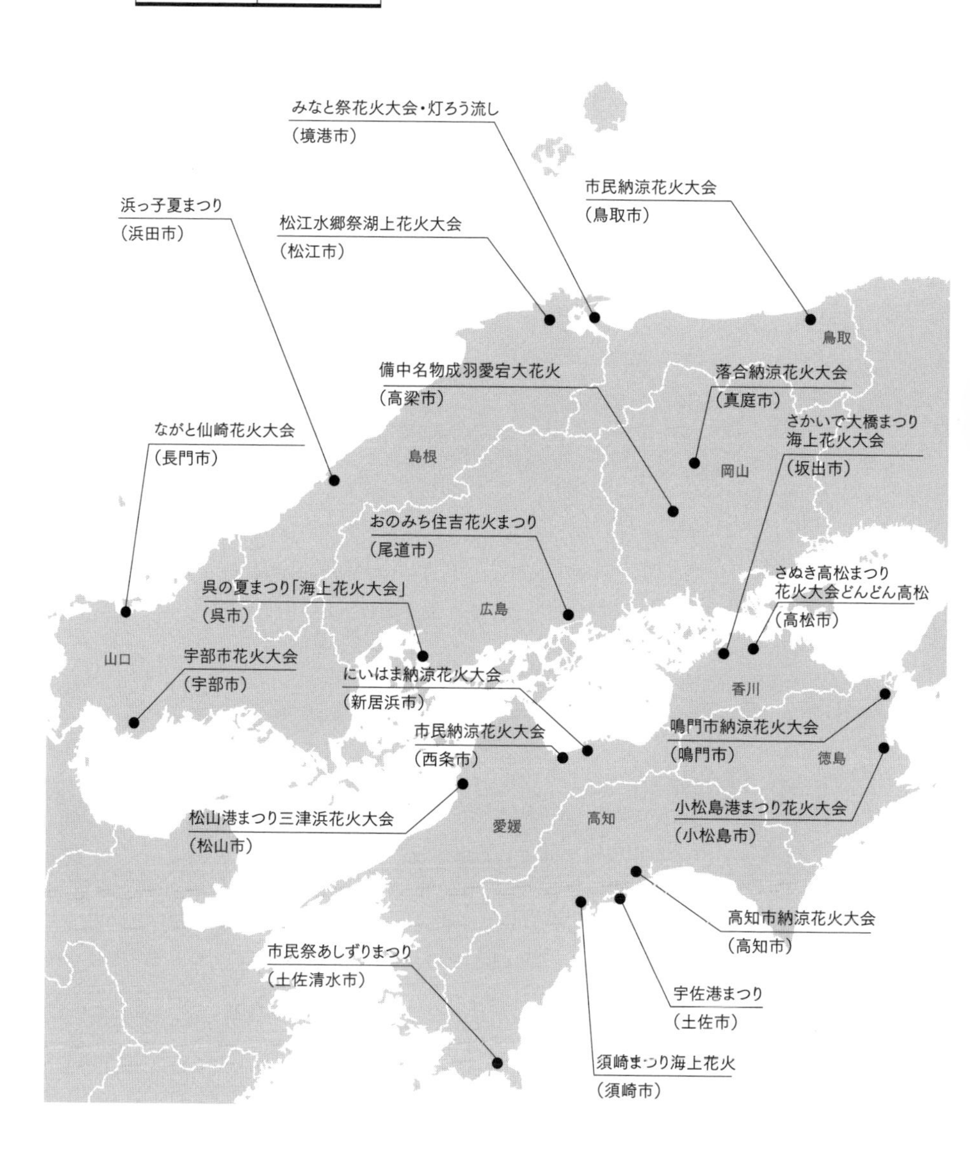
0
50
100km
みなと祭花火大会・灯ろう流し
（境港市）
市民納涼花火大会
（鳥取市）
浜っ子夏まつり
（浜田市）
松江水郷祭湖上花火大会
（松江市）
鳥取
備中名物成羽愛宕大花火
（高梁市）
落合納涼花火大会
（真庭市）
ながと仙崎花火大会
（長門市）
さかいで大橋まつり
海上花火大会
（坂出市）
島根
岡山
おのみち住吉花火まつり
（尾道市）
呉の夏まつり「海上花火大会」
（呉市）
さぬき高松まつり
花火大会どんどん高松
（高松市）
広島
山口
宇部市花火大会
（宇部市）
にいはま納涼花火大会
（新居浜市）
香川
市民納涼花火大会
（西条市）
鳴門市納涼花火大会
（鳴門市）
徳島
松山港まつり三津浜花火大会
（松山市）
愛媛
高知
小松島港まつり花火大会
（小松島市）
高知市納涼花火大会
（高知市）
市民祭あしずりまつり
（土佐清水市）
宇佐港まつり
（土佐市）
須崎まつり海上花火
（須崎市）

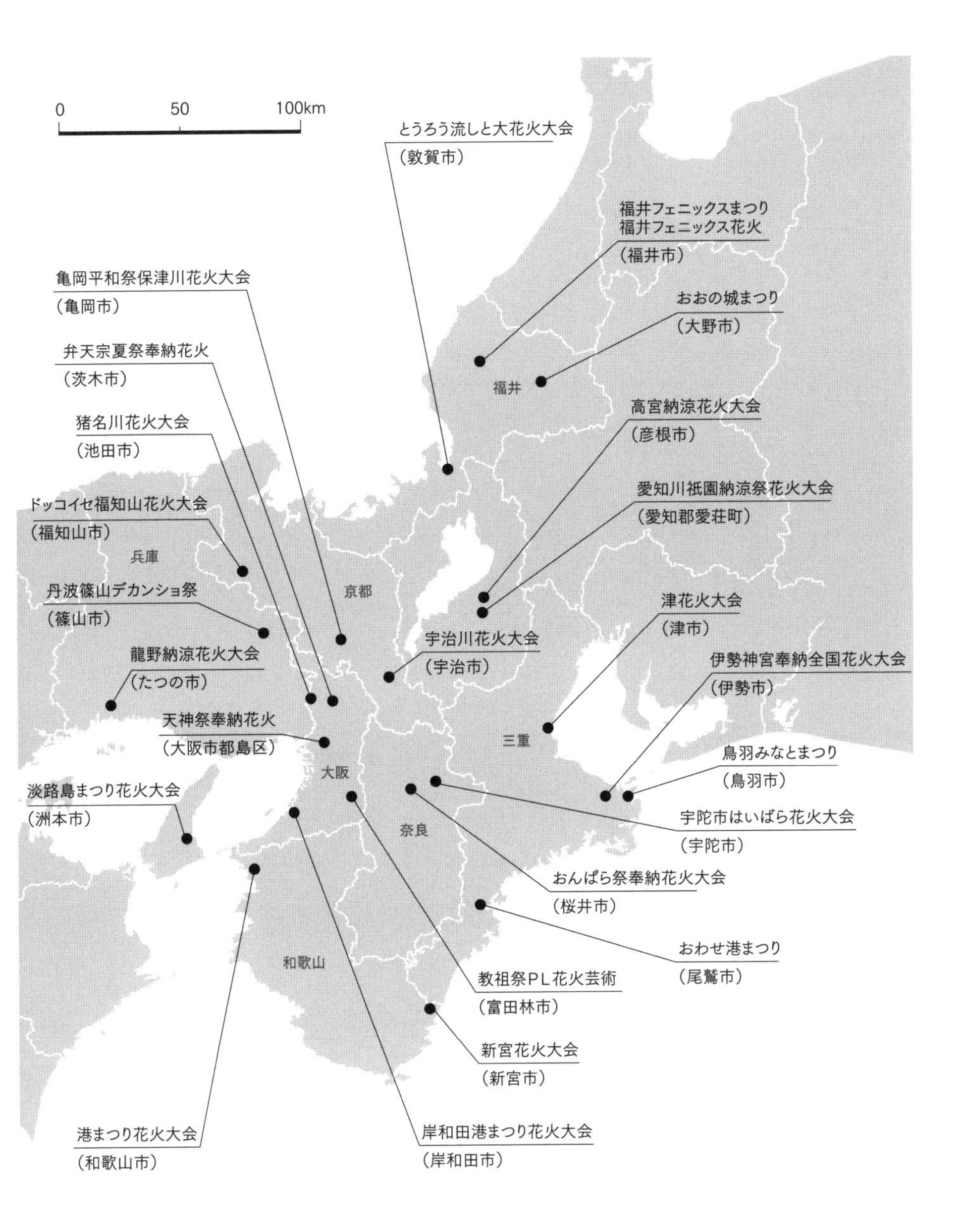
0
50
100km
とうろう流しと大花火大会
(敦賀市)
福井フェニックスまつり
福井フェニックス花火
(福井市)
亀岡平和祭保津川花火大会
(亀岡市)
おおの城まつり
(大野市)
弁天宗夏祭奉納花火
(茨木市)
福井
高宮納涼花火大会
(彦根市)
猪名川花火大会
(池田市)
愛知川祇園納涼祭花火大会
(愛知郡愛荘町)
ドッコイセ福知山花火大会
(福知山市)
兵庫
京都
丹波篠山デカンショ祭
(篠山市)
津花火大会
(津市)
宇治川花火大会
(宇治市)
龍野納涼花火大会
(たつの市)
伊勢神宮奉納全国花火大会
(伊勢市)
天神祭奉納花火
(大阪市都島区)
三重
大阪
鳥羽みなとまつり
(鳥羽市)
淡路島まつり花火大会
(洲本市)
宇陀市はいばら花火大会
(宇陀市)
奈良
おんぱら祭奉納花火大会
(桜井市)
おわせ港まつり
(尾鷲市)
和歌山
教祖祭PL花火芸術
(富田林市)
新宮花火大会
(新宮市)
港まつり花火大会
(和歌山市)
岸和田港まつり花火大会
(岸和田市)

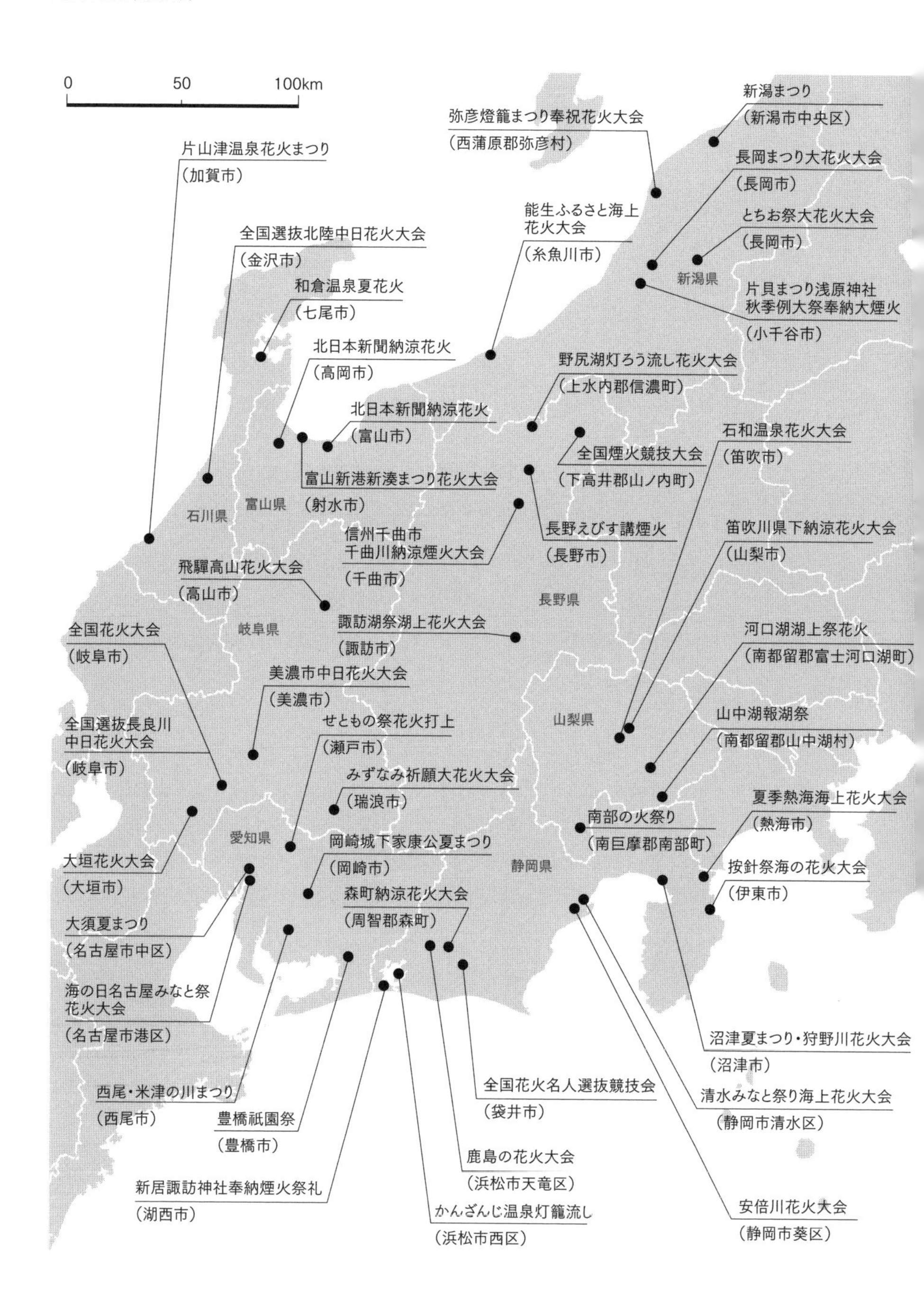
0
50
100km
新潟まつり
(新潟市中央区)
弥彦燈籠まつり奉祝花火大会
(西蒲原郡弥彦村)
片山津温泉花火まつり
(加賀市)
長岡まつり大花火大会
(長岡市)
能生ふるさと海上
花火大会
(糸魚川市)
とちお祭大花火大会
(長岡市)
全国選抜北陸中日花火大会
(金沢市)
新潟県
和倉温泉夏花火
(七尾市)
片貝まつり浅原神社
秋季例大祭奉納大煙火
(小千谷市)
北日本新聞納涼花火
(高岡市)
野尻湖灯ろう流し花火大会
(上水内郡信濃町)
北日本新聞納涼花火
(富山市)
全国煙火競技大会
(下高井郡山ノ内町)
石和温泉花火大会
(笛吹市)
富山新港新湊まつり花火大会
(射水市)
石川県
富山県
信州千曲市
千曲川納涼煙火大会
(千曲市)
長野えびす講煙火
(長野市)
笛吹川県下納涼花火大会
(山梨市)
飛騨高山花火大会
(高山市)
長野県
全国花火大会
(岐阜市)
岐阜県
諏訪湖祭湖上花火大会
(諏訪市)
河口湖湖上祭花火
(南都留郡富士河口湖町)
美濃市中日花火大会
(美濃市)
全国選抜長良川
中日花火大会
(岐阜市)
せともの祭花火打上
(瀬戸市)
山梨県
山中湖報湖祭
(南都留郡山中湖村)
みずなみ祈願大花火大会
(瑞浪市)
夏季熱海海上花火大会
(熱海市)
南部の火祭り
(南巨摩郡南部町)
愛知県
岡崎城下家康公夏まつり
(岡崎市)
静岡県
大垣花火大会
(大垣市)
按針祭海の花火大会
(伊東市)
森町納涼花火大会
(周智郡森町)
大須夏まつり
(名古屋市中区)
海の日名古屋みなと祭
花火大会
(名古屋市港区)
沼津夏まつり・狩野川花火大会
(沼津市)
全国花火名人選抜競技会
(袋井市)
清水みなと祭り海上花火大会
(静岡市清水区)
西尾・米津の川まつり
(西尾市)
豊橋祇園祭
(豊橋市)
鹿島の花火大会
(浜松市天竜区)
新居諏訪神社奉納煙火祭礼
(湖西市)
安倍川花火大会
(静岡市葵区)
かんざんじ温泉灯籠流し
(浜松市西区)

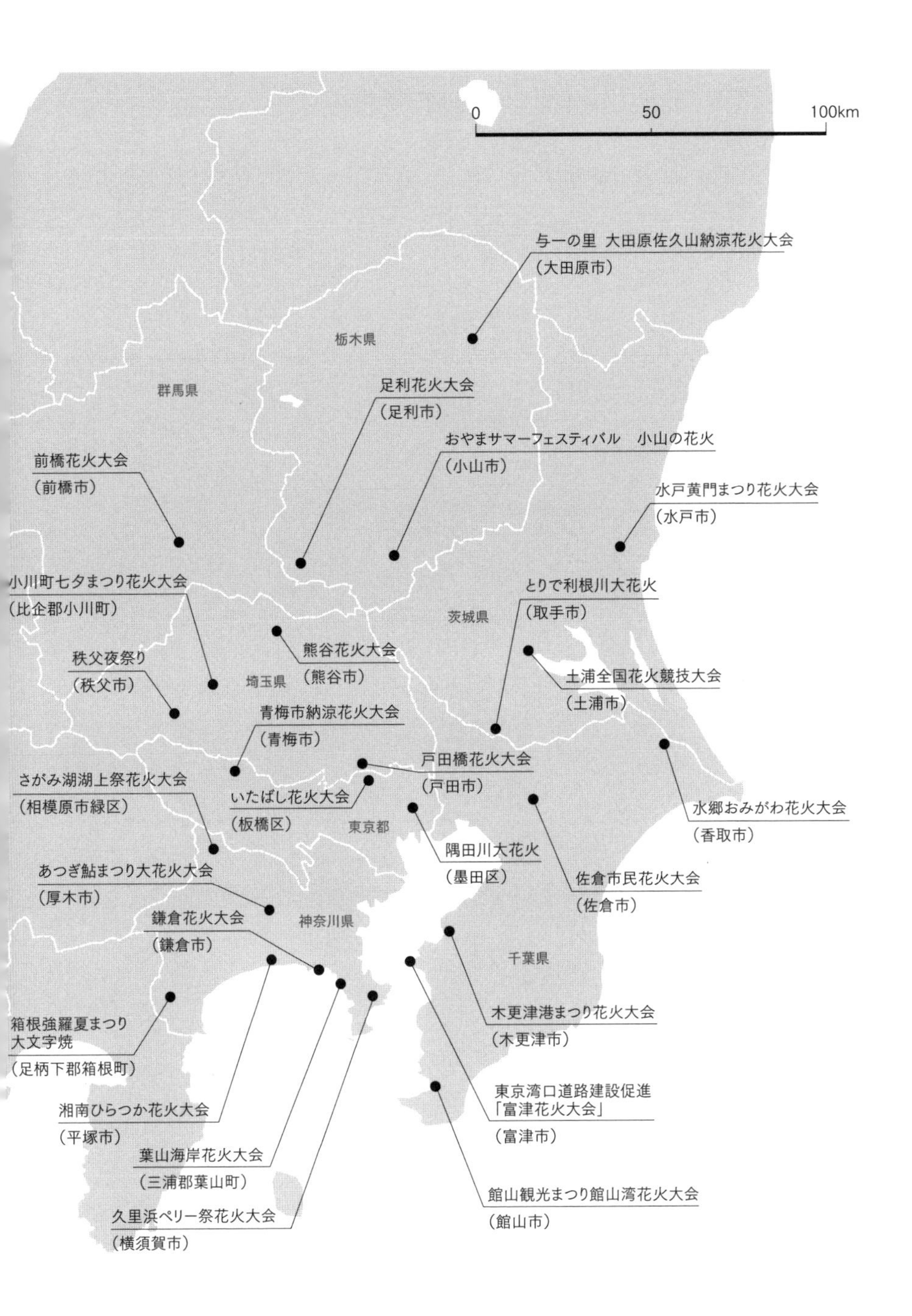
0
50
100km
与一の里 大田原佐久山納涼花火大会
（大田原市）
栃木県
群馬県
足利花火大会
（足利市）
おやまサマーフェスティバル 小山の花火
（小山市）
前橋花火大会
（前橋市）
水戸黄門まつり花火大会
（水戸市）
小川町七夕まつり花火大会
（比企郡小川町）
とりで利根川大花火
（取手市）
茨城県
熊谷花火大会
（熊谷市）
秩父夜祭り
（秩父市）
埼玉県
土浦全国花火競技大会
（土浦市）
青梅市納涼花火大会
（青梅市）
戸田橋花火大会
（戸田市）
さがみ湖湖上祭花火大会
（相模原市緑区）
いたばし花火大会
（板橋区）
東京都
水郷おみがわ花火大会
（香取市）
隅田川大花火
（墨田区）
あつぎ鮎まつり大花火大会
（厚木市）
佐倉市民花火大会
（佐倉市）
鎌倉花火大会
（鎌倉市）
神奈川県
千葉県
木更津港まつり花火大会
（木更津市）
箱根強羅夏まつり
大文字焼
（足柄下郡箱根町）
東京湾口道路建設促進
「富津花火大会」
（富津市）
湘南ひらつか花火大会
（平塚市）
葉山海岸花火大会
（三浦郡葉山町）
館山観光まつり館山湾花火大会
（館山市）
久里浜ペリー祭花火大会
（横須賀市）

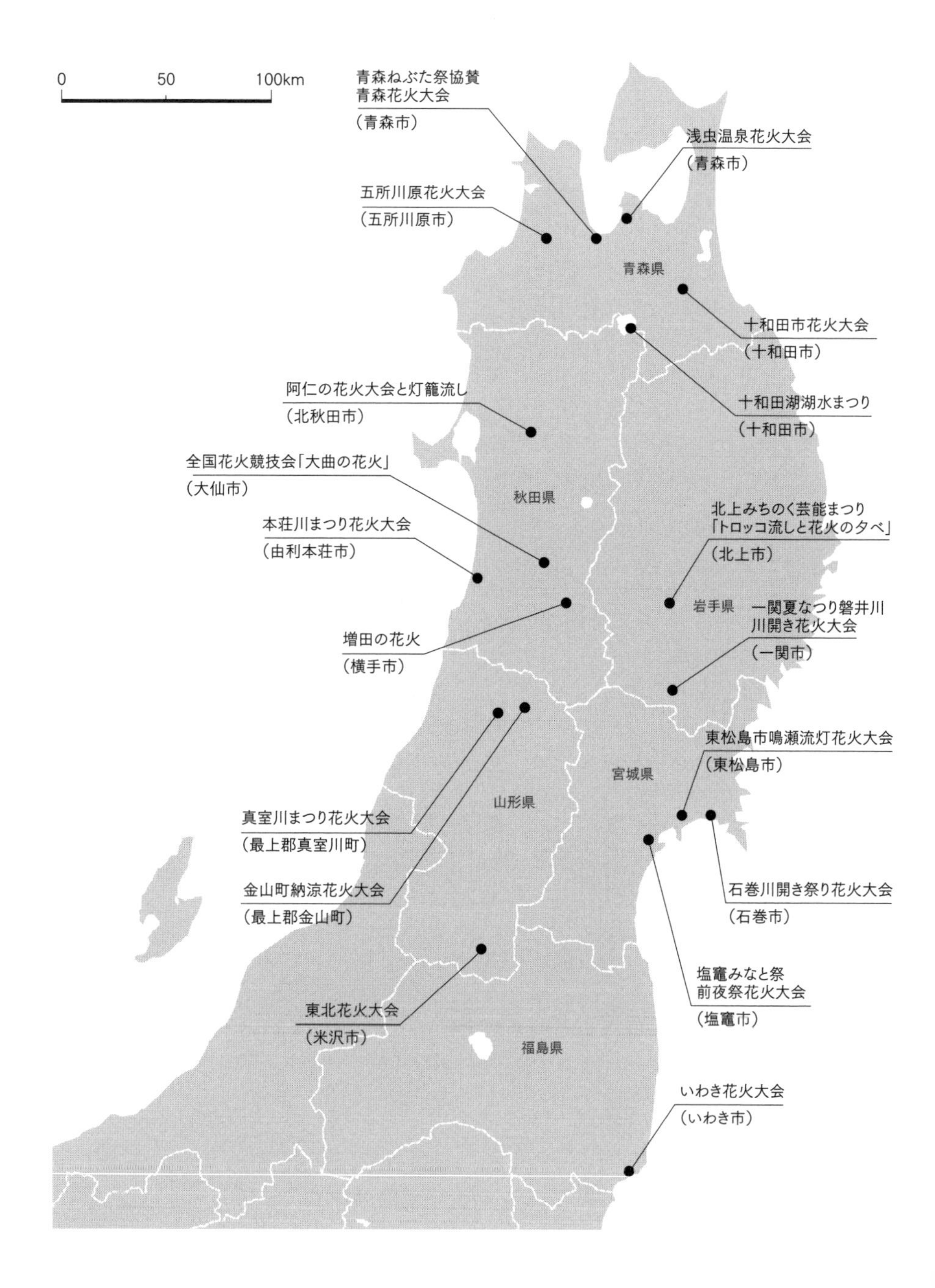
0
50
100km
青森ねぶた祭協賛
青森花火大会
（青森市）
浅虫温泉花火大会
（青森市）
五所川原花火大会
（五所川原市）
青森県
十和田市花火大会
（十和田市）
十和田湖湖水まつり
（十和田市）
阿仁の花火大会と灯籠流し
（北秋田市）
全国花火競技会「大曲の花火」
（大仙市）
秋田県
北上みちのく芸能まつり
「トロッコ流しと花火の夕べ」
（北上市）
本荘川まつり花火大会
（由利本荘市）
岩手県
一関夏なつり磐井川
川開き花火大会
（一関市）
増田の花火
（横手市）
東松島市鳴瀬流灯花火大会
（東松島市）
宮城県
山形県
真室川まつり花火大会
（最上郡真室川町）
金山町納涼花火大会
（最上郡金山町）
石巻川開き祭り花火大会
（石巻市）
塩竈みなと祭
前夜祭花火大会
（塩竈市）
東北花火大会
（米沢市）
福島県
いわき花火大会
（いわき市）

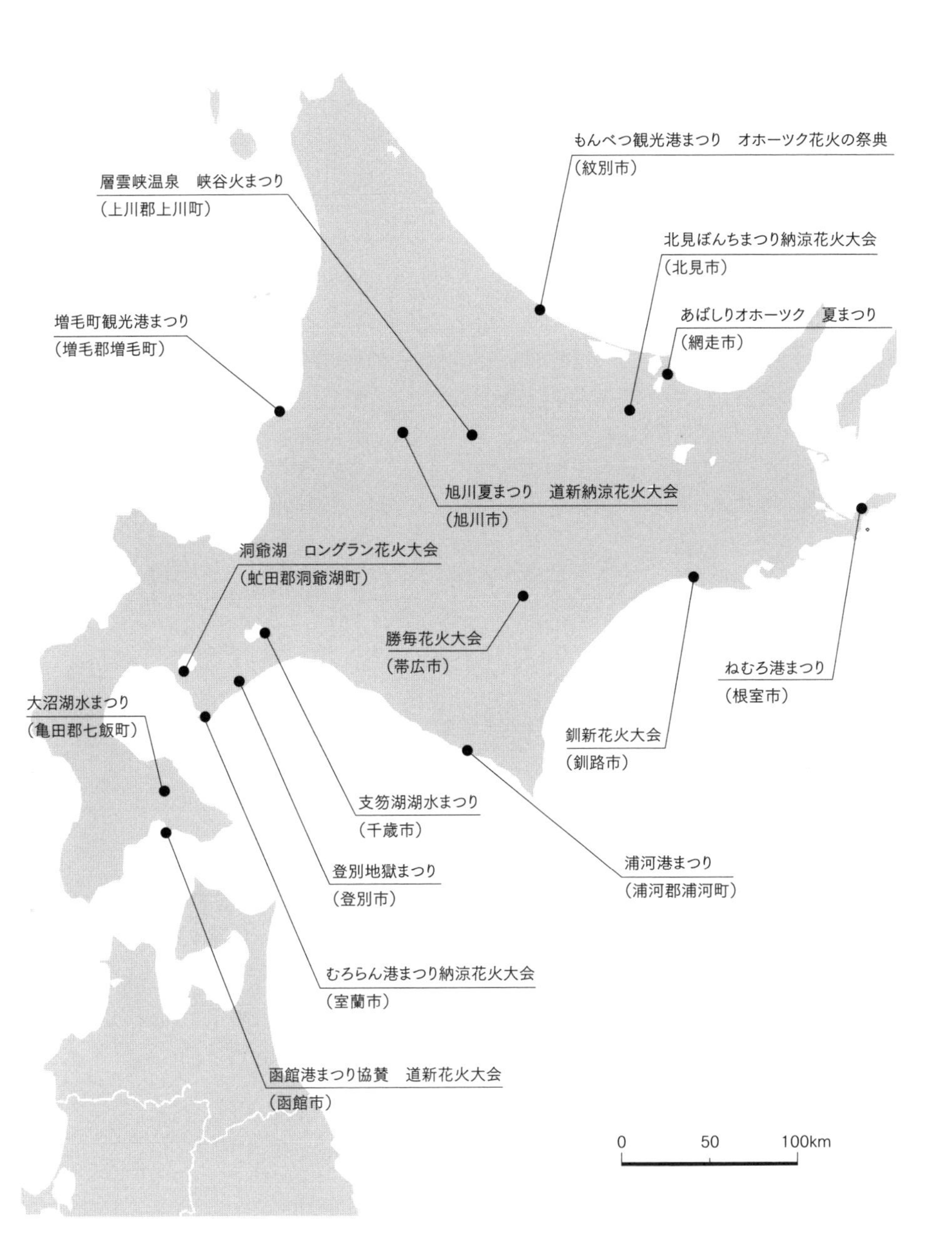
もんべつ観光港まつり　オホーツク花火の祭典
（紋別市）
層雲峡温泉　峡谷火まつり
（上川郡上川町）
北見ぼんちまつり納涼花火大会
（北見市）
増毛町観光港まつり
（増毛郡増毛町）
あばしりオホーツク　夏まつり
（網走市）
旭川夏まつり　道新納涼花火大会
（旭川市）
洞爺湖　ロングラン花火大会
（虻田郡洞爺湖町）
勝毎花火大会
（帯広市）
ねむろ港まつり
（根室市）
大沼湖水まつり
（亀田郡七飯町）
釧新花火大会
（釧路市）
支笏湖湖水まつり
（千歳市）
登別地獄まつり
（登別市）
浦河港まつり
（浦河郡浦河町）
むろらん港まつり納涼花火大会
（室蘭市）
函館港まつり協賛　道新花火大会
（函館市）
0
50
100km

■参考文献

井上智博「線香花火の高速度可視化計測―美の物理の解明を目指して―」(『可視化情報学会誌』Vol.35　No.137) 可視化情報学会誌、2015年
福澤徹三「武士の火術稽古と江戸の花火」(『みやこどり』第44号) すみだ郷土文化資料館、2015年
上田由美「平山煙火製造所と小野家資料」(『開港の広場』124号) 横浜開港資料館、2014年
奥田敦子「隅田川と花火　北斎を出発点として」(『隅田川と本所・向島―開発と観光―』東京都江戸東京博物館報告書第28集) 東京都江戸東京博物館、2014年
島井武四郎「古事類苑　遊戯部十六　花火」(『火薬と保安』148号) 全国火薬類保安協会、2014年
福澤徹三「近世前期の江戸の花火について」(『風俗史学』第56号) 日本風俗史学会、2014年
吉田光邦『錬金術』中公文庫、2014年
金子常規『兵器と戦術の世界史』中央公論新社、2013年
畑中修二「線香花火」(『EXPLOSION』Vol.23、No. 1) 火薬学会、2013年
クライヴ・ポンティング(著)、伊藤綺(訳)『世界を変えた火薬の歴史』原書房、2013年
河野晴行「花火の歴史と文化 (その2)」(『火薬と保安』142号) 全国火薬類保安協会、2011年
櫻井孝『明治の特許維新～外国特許第1号への挑戦！～』発明協会、2011年
畑中修二「おもちゃ花火の世界」(『ＳＥ』160号) 総合安全工学研究所、2010年
伊東洋「横浜花火年表」私家版、2006年
岡田登『中国火薬史』汲古書院、2006年
全国火薬類保安協会編『煙火の製造と保安』全国火薬類保安協会、2006年
吉田忠雄、丁大玉編『花火学入門』プレアデス出版、2006年
池田まき子『花火師の仕事』無明舎出版、2005年

日本火薬工業会編『一般火薬学（第2版）』日本火薬工業会資料編集部、2005年
石山秀和「江戸の狼煙」（竹内誠編『徳川幕府と巨大都市』）東京堂出版、2003年
武藤輝彦『日本の花火のあゆみ』リーブル、2000年
J・A・コンクリン（著）、吉田忠雄、田村昌三（訳）『エネルギー物質の科学』朝倉書店、1996年
孟元老（著）、入矢義高、梅原郁（訳）『東京夢華録』平凡社、1996年
立脇和夫「明治期におけるわが国商権回復過程の分析」（『早稲田商学』364号）早稲田商学同攻会、1995年
島尾永康『中国化学史』朝倉書店、1995年
武藤輝彦『ドン！と花火だ』三空出版、1994年
丁儆（著）、新開高明（訳）「古代火薬技術簡史」（『Science and Technology of Energetic Materials』Vol.47、No.2）工業火薬協会、1986年
JICC出版局（編）『花火千夜一夜』JICC出版局、1984年
小勝郷右『花火—火の芸術』岩波新書、1983年
南坊平造「浮世絵花火曼荼羅」（『火薬と保安』）全国火薬類保安協会、1981年
細谷政夫『花火の科学』東海大学出版社、1980年
小勝郷右『日本花火考』毎日新聞社、1979年
岡田登『中国における黒色火薬、火薬兵器、花火の起源』采華書林、1978年
松浦静山著、中村幸彦、中野三敏（校訂）『甲子夜話（2）』平凡社、1977年
清水武夫『花火の話』河出書房新社、1976年
小野忍、千田九一（訳）『金瓶梅』平凡社、1972年
南坊平造「花火はどこから日本へ伝わったか？」（『火薬と保安』）全国火薬類保安協会、1972年
寺島良安編『和漢三才図会（上）』東京美術、1970年
鮭延譲「日本花火史（4）徳川時代の各地の花火」（『Science and Technology of Energetic

Materials』Vol.31、No.1）工業火薬協会、1970年
鮭延譲「日本花火史（3）打上げ花火の出現」（『Science and Technology of Energetic Materials』Vol.30、No.1）工業火薬協会、1969年
南坊平造「火薬は誰が発明したか」（『Science and Technology of Energetic Materials』Vol.28、No. 4）工業火薬協会、1967年
寺田寅彦『寺田寅彦随筆集　第2巻』岩波文庫、1964年
日本産業火薬会保安部（編）『火薬類による事故集』日本産業火薬会資料編輯部、1964年
前田明ら「線香花火の研究」（第1部・第4部）東京都立新宿高等学校物理部、1962年
小山喜久弥「福沢諭吉先生と豊橋　とくに中村道太について」中村道太銅像建設委員会、1961年
清水武夫「線香花火に関する研究」（『Science and Technology of Energetic Materials』Vol.18, No. 5）工業火薬協会、1957年
清水武夫『花火』一橋書房、1957年
西沢勇志智『日本火術薬法之巻』東学社、1943年
西沢勇志智『花火の研究』内田老鶴圃、1928年
中谷宇吉郎、関口譲「線香花火および鐵の火弾に就いて」（『理化学研究所彙報』第6巻下第12号）、1927年
明石東次郎、鈴木貞造編『火薬類通覧』警眼社、1911年
脱脱『金史　113巻』1345年
曾公亮、丁度『武経総要』1044年

花火用語小辞典

＊「ヴ」は、ば行に配した

あ

揚　薬　花火を打ち上げるための火薬。

アッカロイドレジン　アルコールに溶ける樹脂でオーストラリアの木から採集する。花火では可燃剤として使用される。

硫　黄　黒色火薬の材料のひとつ。日本では大量に産出する。

硫黄華　気体の硫黄を急冷させると出てくる黄色い粉末のこと。

硫黄粉　硫黄の粉末のこと。黒色花火を作るのに使用される。

色　火　火の色のこと。

色火剤　花火に色をつける薬剤。

打ち上げ筒　打ち上げ花火を打ち上げるために使用する筒のこと。紙やファイバーなどさまざまな素材のものがある。

打ち上げ花火　打ち上げ筒などを用いて打ち上げる花火のこと。

遠隔点火　現在主流となっている花火の点火方法。

煙火製造所　花火を作る工場のこと。

塩基性炭酸銅　花火の緑青がを出すために使用される。

煙　剤　煙を出すために使用される薬剤のこと。

遠　州　遠江とも。現在の静岡県の西部地区で、三河とともに花火が盛ん。

焔　硝　硝酸カリウムのこと。

炎　色　炎の色のこと。

塩素酸塩類　塩素酸（$HClO_3$）の水素を金属などの陽イオンで置換した化合物のこと。

塩素酸カリウム　花火の酸化剤として使用される。

塩素酸バリウム　花火の酸化剤として、同時に深緑色を出すたるに使用する、

塩ポツ　えんぽつとも書く。塩素酸カリウムのこと。

煙　幕　煙が出ることを目的として作られたおもちゃ花火。

オイルオレンジ　明るいオレンジ色をつけるための染料。

おもちゃ花火　花火師ではなく、一般の人が火をつけて楽しむことができる花火のこと。玩具煙火ともいう。

親コード　打ち上げ花火の導火線として使用される。

親　導　打ち上げ花火の導火線のこと。

か

開　発　打ち上げられた玉皮が空中で割れること。

過塩素酸アンモニウム　花火の酸化剤として使用される。

過塩素酸カリウム　花火の酸化剤として使用される。

過塩素酸類　過塩素酸（$HClO_4$）の水素を金属などの陽イオンで置換した化合物のこと。

過塩ポツ　過塩ぽつとも書く。過塩素酸カリウムのこと。

鍵　屋　江戸を代表する花火屋のひとつ。現在でも花火が打ち上がった時にの掛け声として使用されている。

可視光　人の目に見える光のこと。

可視領域　人の目に見える光の範囲のこと。この範囲より光の波長が長いと赤外光、短いと紫外光となる、

型　物　キャラクターなどの形に打ち上がる打ち上げ花火のこと。

可燃剤　燃料となる薬剤。

可燃性気体　可燃性ガスともいう。空気中で火源があると燃焼する。

火　薬　熱や衝撃などにより爆発的燃焼反応を起す物質のことで、花火の主成分。

火薬類取締法　1950年（昭和25）に施行された法律。花火の製造、販売、保管、運搬といった取り扱いはこの法律に基づいている。

川開き花火　江戸時代、夏場、隅田川に舟を出して涼むことが流行。この解禁日にあたる5月28日に花火が打ち上げられた。

乾燥機　花火の製造工程で、天日で乾燥

させるかわりに用いることもある。

緩燃性　物質に火をつけた時に、燃焼が持続し、燃焼速度が緩やかな性質のこと。

菊　打ち上げ花火の一種。花火が丸く打ち上がり、花弁にあたる部分がスーッと伸びるるもの。

曲　導　打ち上げ花火が上がっていくときに種々の花火現象を表す部品。あるいは、その時の花火現象。

玉　名　どんな花火なのか、花火玉につけられるもの。

金属微粉末　花火にさまざまな効果のために混ぜられる。

金属粉　色をつけるため火薬に混ぜることもあれば、ぱちぱちと燃えるようにするために火薬に混ぜることもある。

クリスマスクラッカー　糸を引くと、音とともに紙筒などに収められたものが飛び出す。少量の火薬が使われていることからおもちゃ花火の一種に位置づけられている。

鶏冠石　赤爆などに使われる。

ケーブルカー　おもちゃ花火のひとつ。筒を糸に通してある。

五箇山　現在の富山県南砺市にある。江戸時代に火薬の製造が行われていた場所。

黒色火薬　花火の基本となる成分。硝石、硫黄、木炭から作られる。

黒色小粒火薬　打ち上げ花火の打ち上げなどに使用する。

さ

酸　化　物質が酸素と結びつくこと。

酸化剤　他の物質を酸化させる薬剤。

酸化生成物　物質が酸化されて生成される物質のこと。

酸化銅　花火の青色を出すのに使用する。

酸化バリウム、硝酸バリウム　花火の酸化剤として、同時に緑色を出すために使用する。

酸　素　物が燃えるときに必要な物質。

酸素含有量　酸素が含まれている量のこと。

三硫化アンチモン　花火の白い色を出すためなどに使われる。

紫外光　人の目には見えない光のうち、紫よりも波長が短いもののこと。

篠原弥兵衛　江戸の花火屋「鍵屋」の主

人。

蓚酸ストロンチウム　花火の赤い色を出すのに使用する。

蓚酸ナトリウム　花火の黄色を出すために使用する。

昇華精製　固体から液体を経ずに気体になることを昇華という。この方法で結晶を作ると高純度の物質を得やすくなる。

硝酸塩類　硝酸（HNO_3）の水素を金属などの陽イオンで置換した化合物のこと。

硝酸カリウム　硝石として産出される。黒色火薬の材料。

硝酸ストロンチウム　花火の赤い色を出すためや発火信号の火薬として使用される。

硝酸バリウム　花火の緑色を出すために使用される。

硝　石　硝酸カリウムの別名。黒色火薬の材料として使用される。

助燃剤　燃焼効率を向上させるために混ぜる薬剤のこと。不完全燃焼をなくする目的などで使われる。

四硫化四砒素　天然に鶏冠石として存在する。

人工衛星　おもちゃ花火のひとつ。戦後の早い時期に流行した。

水　素　もっとも軽い気体。酸素と混合したものに火をつけると激しい爆発を起す。

すすき　おもちゃ花火のひとつで、手にもって遊ぶ。江戸時代からあったことが文献などからわかっている。

スターマイン　いくつもの花火を連続して打ち上げる打ち上げ方法で、現在の花火大会ではよく行われている。

スパークラー　手持ち花火でもっとも一般的なもの。

隅田川花火大会　1978年(昭和53)から7月末の土曜日に行われている花火大会。

赤外光　人の目には見えない光のうち、赤よりも波長が長いもののこと。

赤光色火剤　赤い色を出すための薬剤。

石炭ピッチ　コールタールを精製し後に残るもの。

赤　爆　花火に音を出すために使われる。取り扱いに注意を要する薬剤。

赤リン　マッチなどに使われている。花火には助燃剤として使う。

セラック　ラックカイガラムシが分泌する有機物。花火では助燃剤として使用する。

線香花火　もっとも単純でもっとも古くからあるとされるおもちゃ花火。

線スペクトル　原子から出る光を分光器という機械にかけると飛び飛びの波長のスペクトルが現れる。原子によってこの形が違うので、原子を特定するのに使用される。

速火線　仕掛け花火に使われる導火線をハトロン紙の筒などに通したもの。

た

ダイナマイト　ニトログリセリンを主成分とする爆薬。発明者は、ノーベル賞を創設したアルフレッド・ノーベル。

玉　皮　打ち上げ花火の外側の皮のこと。

玉貼り　玉皮のさらに外側に紙を貼ること。玉の大きさによって貼る枚数が決まっている。

玉　屋　江戸時代の花火屋。鍵屋と覇を競ったが、火の不始末によって江戸所払いになったといわれている。

炭酸ストロンチウム　花火の赤い色を出すために使用されるが、燃焼を妨げるため大量に使用することができない。

炭酸カルシウム　花火の赤い色を出すのに使用する。

単　発　単独で花火を打ち上げること。

炭　粉　黒色火薬の材料として使われる、粉末状の木炭。

ＴＮＴ　主として軍用に用いられる爆薬。爆発力を現すとき「ＴＮＴ当量」と基準される。

デキストリン　炭水化物の一種。花火では可燃剤として使用される。

笛　薬　花火にヒューという音を出させるために使用する薬剤のこと。

手筒花火　現在の愛知県や静岡県で行われている伝統花火のひとつ。筒の中に仕掛けた噴出花火を人が持つ。

手持ち花火　手で持って使うおもちゃ花火の総称

テレピン油　松などから採集される油。塗装などに使われる。松根油に同じ。花火では可燃剤として使用される。

澱　粉　花火では可燃剤として使用される。

導火線　糸等で火薬を被覆し、ひも状に加工したもの。花火の本体に火をつけるのに用いる。

な

ナイヤ（ア）ガラ　花火が滝のように流れ落ちる仕掛け花火。

二酸化塩素ガス　花火の煙に含まれる物質。

ねずみ花火　おもちゃ花火のひとつで、古くからある。

熱分解　熱することにより、化合物をより安定な物質に分解すること。

燃　焼　物が燃えること。

燃焼反応　物が燃える反応のこと。

昇り龍　打ち上げ花火が尾を引きながら上っていく様を龍にたとえた曲導。

狼　煙　遠方への合図にすために上げる煙。

は

配合帳　花火を作るための材料の配合を書き留めたもの。

爆　竹　花火の一種。中国の春節祭や、長崎のお盆に行われる精霊流しにはなくてはならない花火である。

旗　ポカ物の中身のひとつ。文字通りさまざまな旗が、ポカ物の中身としてつめられていた。

発煙剤　煙を出すために使われる薬剤のこと。

発炎筒　車や船などに備えられた鮮やかな炎を上げる筒型の道具。

発音組成物　花火に音を出させるために使われる。

花　車　花火の噴射する勢いで回転するように作られている花火のこと。

花緑青　硫酸銅の色とほぼ同じ色だが、炎の形状が異なるので、用途に応じて使い分けされている。

早打ち　連続して花火を打ち上げること。

パラシュート　おもちゃ花火のひとつ。中からパラシュートが飛び足すように作られていた。

引　き　割り物花火が飛んでいく時に引く尾。

砒　素　藤紫色を出すのに使用される。

火　種　火を起すもとになるもの。

火　花　花火に火がついたときに出る火の粉こと。

氷晶石（クリオライト）　花火の黄色を出

すために使用する。

ヴィーンの変位則　黒体からの放射のピークの波長は温度に反比例するという法則。

笛花火　ヒューという音がでる花火のこと。

袋　物　ポカ物の中身のひとつ。袋状に作られた人形などが、ポカ物の中身としてつめられていた。

プランクの法則　黒体から放射される電磁波のエネルギー密度の波長分布などに関する公式。

噴出花火　噴水のように噴出す花火のこと。

米国独立記念日　7月4日のこの日、たくさんの花火が打ち上げられる。かつては日本製の花火が数多く打ち上げられていた。

ヘンデル　ドイツの作曲家だが、のちにイギリスに渡り活躍する。「水上の音楽」や「王宮の花火の音楽」などを作った。

ポカ物　中から雷、星、袋物、落下傘などが出てくる打ち上げ花火のこと。

星　打ち上げ花火の中に入れるパーツのひとつ。

牡　丹　打ち上げ花火の一種。花火が丸く打ち上がり、花弁にあたる部分がスーッと伸びないもの。菊と牡丹が打ち上げ花火の基本となる。

ま

マグナリウム　マグネシウムとアルミニウムを半分ずつ混合した合金。ぱちぱちという輝きを出すために加えられる。

マグネシウム　花火を明るくするために使われるようになった物質。

三　河　三州とも。現在の愛知県の東部で、古くから花火が盛ん。

や

焼金式　早打ち花火を連続して打ち上げるために、熱した金属を打ち上げ筒の中にセットし、その中に花火玉を入れて着火する方法。

洋　紙　和紙に対して使われる言葉で、現在一般的に使われている紙類全般のこと。クラフト紙が打ち上げ花火の外皮に使われるなど、花火を作る上で欠かすことのできない材料のひとつ。

洋　火　和火に対して使う言葉。明治以降に入ってきた技術を使って作った打ち上げ花火のこと。

ら

雷コード　雷への導火線として使用される。

雷　薬　段雷という音物の花火に使われる火薬だが、非常に注意を要す。

落下傘　代表的なポカ物の中身。

ラックカイガラムシ　セラックを分泌する1 cmに満たないムシのこと。中国や東南アジアなどで養殖されている。

ランス　紙のパイプに火薬を入れたもの。

硫化鉱物　金属と硫黄の化合物から成る鉱物群のこと。

硫酸塩　硫酸イオンを含む化合物のこと。

硫酸ストロンチウム　花火の赤い色を出すのに使用する。

硫酸銅　花火の青色を出すために使用する。

硫酸バリウム　花火の緑色を出すために使用する。

龍　頭　花火玉を持ち上げるときに持つためにつけられる取っ手。

流　星　龍勢という地方もある。戦国時代の情報伝達手段として使われていたものに起源をもつものもある。

両国橋　1657年（明暦3）に起きた明暦の大火をきっかけに隅田川にかけられた橋。この橋の近くで明暦の大火で亡くなった人たちを供養する目的で花火が打ち上げられるようになった。そのため、花火を描いた浮世絵などの中に多く登場する。

錬金術　卑金属から金を生み出すためや不老不死の薬を得るために、ヨーロッパなどで行われていた原始的な化学技術。こうした中から現在の化学技術の基礎がはぐくまれ、火薬も生まれたとされる。

ロケット花火　おもちゃ花火の一種。棒の先につけた火薬に着火すると打ち上がる。

ロジン　松脂などに含まれており、滑り止めに使用されることが多い。花火では可燃剤として使用される。花火では可燃剤として使用される。

ロングヒューズ　速火線と同じ目的で使用される伝火速度の高い導火線。

わ

『和漢三才図会』　江戸時代の絵入り百科事典。天文、人物、器物などに分類されている。

和　紙　洋紙に対して使われる言葉。楮、三椏、雁皮などを原料として作られる。割り物花火の星と割り薬の間に入れるしきり紙などに使われる。

ワニス　ニスのこと。絶縁体にも使われる。

和　火　日本古来の花火およびその色。

割り薬　花火玉を割るための火薬。

（加唐）

■監修者

新井　充（あらい・みつる）

1954年（昭和29）生まれ

東京大学環境安全研究センター 教授

一般社団法人火薬学会 会長

全国花火競技会　大曲の花火 審査委員長

隅田川花火大会 審査副委員長

■執筆者（50音順）

新井　充

監修者

井上智博（いのうえ・ちひろ）

東京大学大学院　工学系研究科　航空宇宙工学専攻　特任准教授

加唐亜紀（かから・あき）

編集者・著述業

栗原洋一（くりはら・よういち）

日本火薬工業会 技術顧問

河野晴行（こうの・はるゆき）

公益社団法人日本煙火協会 専務理事

畑中修二（はたなか・しゅうじ）

公益社団法人日本煙火協会 検査所長兼技術部長

松永猛裕（まつなが・たけひろ）

国立研究法人産業技術総合研究所　安全科学部門　上級主任研究員

＊カバー写真

表紙・扉　「両国納涼花火ノ図」（国立国会図書館蔵）

裏表紙　「名所江戸百景　両国花火」（国立国会図書館蔵）

花火の事典

2016年6月20日　初版印刷
2016年6月30日　初版発行

ISBN978-4-490-10878-1　C3543

監修者　新井 充
発行者　大橋信夫
印刷製本　図書印刷株式会社
発行所　株式会社東京堂出版
http://www.tokyodoshuppan.com/
〒101-0051 東京都千代田区神田神保町1-17
電話03-3233-3741 振替00130-7-270